U0025282

B型選擇

綠藤：找不到喜歡的答案，就自己創造

王維玲——著

財經企管 BCB714

謹以此書獻給林碧霞博士，

是你，

讓綠藤有了選擇。

CONTENTS

CONTENTS

序文

相信自己，可以重新定義這世界

——信義房屋創辦人 **周俊吉**

一本詳載綠藤過去、現在與未來的專書，彷彿讓人掉進時光隧道裡，重回四十年前農曆春節的嘉義小城，而我則是那個充滿傻勁、一心只想改變現況的年輕小夥子。

不同的是，綠藤的三位創辦人擁有比我當時更多的資源與知識；相同的是，我們都擁有強烈信念與意志，相信自己可以重新定義人生、定義這個不該是理所當然的世界。

正是這樣的同與不同，串連起我跟綠藤之間的緣分。

我接受「AAMA台北搖籃計畫」創辦人顏漏有的邀請，於二〇一二年加入，成為扶植並壯大台灣新創能量的創業導師群之一，至今只有一位學生，巧的是雙方都是彼此的首選（業師與學生相互配對），就是當時才創業不久的鄭涵睿。

房仲與芽菜（或是後來的純淨保養），怎麼想都連不在一塊；但也因為所屬產業特性的巨大差異，我唯一能與涵睿教學相長的部分，便是「經營心法」的方方面面。

首先是為何經營（Why）。「獲利」是企業生存的必要條件，但企業存在的價值遠大於獲利，應該在於透過「適當利潤」發揮企業存在的積極意義，讓所有利害關係人、讓這個世界變得愈來愈好。

然後是如何經營（How）。站在客戶的立場，透過各式各樣的創新滿足客戶需求，縱使不合時宜、即使犧牲短利，只要是該做的事，就必須說到做到，「以終為始」，思考在未來，行動在現在。

很欣慰，涵睿與志同道合的夥伴們，一步一腳印打磨屬於綠藤的文化、綠藤理想中的樣貌，還有綠藤愈來愈大的社會影響力。現在的綠藤生機，除了自二〇一四年起發布全台第一本「公益報告書」、二〇一五年取得「B型企業」認證（台灣第三家）外，二〇一六年更在全球超過一八〇〇家B型企業中脫穎而出，首度榮獲「對環境最好」的大獎，一連蟬聯四年，二〇一九年進一步獲頒「整體最好」獎（Best of Overall）。

更重要的是，綠藤也傳承起培育新世代的重責大任，對人才的尊重、養成與任用，在在都讓年輕人趨之若鶩，連寒暑期的實習亦是應徵者眾多，錄取率甚至不到〇．五％。不論最後是否能與綠藤並肩同行，曾經攜手共伴的這些日子，必然會在這些年輕人心中留下理念與堅持的永續種子，終有一日可以開枝散葉、成就共好未來。

人類社會發展數千年來所造成的各種影響，都必須回到「人」才能治本；而企業正是人的集合體，如何透過企業組織為人類做件事、為社會盡些力、為地球費點心思，是我們身為創／企業家的終極使命。

「吾心信其可成，則千方百計；吾心信其不可成，則千難萬難。」謹以此短文與所有努力創造自己生命意義與價值的朋友們共勉之。

序文

找不到喜歡的答案，就自己創造一個

——綠藤生機共同創辦人

廖怡雯、許偉哲、鄭涵睿

在創業之前，我們三人總是聚在台北公館的葉子咖啡談論著未來。這是我們大學時常造訪的場所，在這熟悉的地方，創業的想法在一次又一次的討論中萌芽。

我們列出了好多想實現的夢想，根據經典創業書籍所建議的步驟，擬定了一個又一個的計畫，完成了組織架構圖與財務預估，也決定了「綠藤」——這個直到現在，我們仍然非常喜歡的名字。

因為這些計畫，讓我們懷抱著滿滿的信心，決定正式創業；然後在創業的第一年，發現當初無論是對於產品、客戶，還是團隊、財務，我們的假設均過於樂觀，一年之中所犯的錯誤，比過往職涯加總更多。

我們開始懷疑自己，過往工作崗位的成績，是否並不代表自己的實力？我們終於了解到數字不會從 Excel 中長出來，開始害怕「計畫」兩個字，也深刻體會了：

計畫，永遠趕不上變化。

即使如此，我們卻總是擁有選擇：

可以選擇面對，可以選擇逃避；

有的選擇很容易，有的選擇卻更有意義。

在這過程中，我們也慢慢發現，支撐綠藤第一個十年的，是一種根基於信念的選擇。這種選擇，往往不在計畫之中，也不是一般人所喜歡的答案，然而，它會激發我們的行動與學習，甚至，會獲得前輩與夥伴的相助，讓這一類型的選擇，逐漸成為我們所希望的選擇：

- 因為想回答「如果讓我回到那年暑假，我希望有一個怎麼樣的實習機會？」選擇在月租一萬兩千元的辦公室，打造出影響綠藤未來命運的實習計畫。
- 因為敦南誠品的一封招商信，選擇跨足百貨門市，從此改變了綠藤的商業模式。
- 因為戶外品牌巴塔哥尼亞永續作為帶來的感動，選擇成為B型企業，也因此找到了將使命鎖進組織的具體做法。

‧因為相信「只有行動才可以帶來改變」，選擇開啟綠色生活二十一天、累積超過十五萬個綠行動，並影響了超過一五〇家公司。

‧因為林碧霞博士的最後一句話，選擇面對事實，正向動作，努力讓綠藤成為博士理念「以人與環境為本位」的永續載體。

就讓我們把這些選擇，稱呼為「B型選擇」吧！「B型選擇」的靈感來自於希望用商業力量對世界好一點的B型企業，在這本書中，記載了許多我們如何做出B型選擇的故事，包含綠藤的團隊成員、夥伴、客戶與貴人們。雖然，「B型選擇」不一定是比較容易的選擇；但，我們始終相信，總有更好的方式，對待自己與所生存的環境，如果找不到喜歡的答案，我們就自己創造一個！

最後，謝謝閱讀到這裡的你，邀請你一探綠藤過去十年的B型選擇。同時，祝你有個美好發芽的一天！

推薦

不忘初衷，Keep Sprouting ！

依姓氏筆畫排序

綠藤撒下純淨的種子，終將在美好處開花。

——作家、新創及二代企業導師、資深公關人 **丁菱娟**

過去十年，我們陪伴綠藤成為最具潛力的綠色品牌。未來十年，我們期待綠藤成為最具實力的國際品牌。

——台灣奧美董事總經理 **王馥蓓**

有堅持，能選擇，懂珍惜。謝謝綠藤一直在最難走的路上，留下最清楚的腳印。

——貝殼放大創辦人 **林大涵**

綠藤，是創業的榜樣，鞭策我在社會使命和商業價值間，以勇於嘗試的精神開拓新路；綠藤，更是生活的選擇，提醒我每一次消費都可以更純淨、良善、永續。恭喜綠藤十年有成，下一個十年更精采！

——社企流共同創辦人暨執行長 **林以涵**

純粹簡單，其實最難，十年之於綠藤，就是三千六百五十天的堅持。

——吾思傳媒女人迷創辦人 **張瑋軒**

期待下一個十年，仍然不忘初衷，堅持純淨天然，永遠有芽菜精神，Keep Sprouting!

——中華開發創新加速基金總經理　**郭大經**

有幸參與綠藤生機的成長，從這群年輕人身上，我見證了「社會創業家」的四個特質（4Ps）：使命（Purpose）、熱情（Passion）、專業（Professional）與堅持（Perserverance）。未來十年，衷心祝福他們成為另一個台灣之光！

——活水影響力投資總經理、共同創辦人　**陳一強**

十年前，綠藤由幾位年輕人，從芽菜開啟創業之路。經過努力研究，發展出一系列優秀的保養品，令人感到欣慰。期望下一個十年，更能在國際市場上大放異彩。

——國立台灣大學園藝暨景觀學系名譽教授、綠藤生機共同創辦人鄭涵睿父親　**鄭正勇**

當你對綠藤的產品、團隊，以及品牌背後所堅持的理念——致力與員工、社區、客戶及環境，建立更永續而正向的關係——了解更多，你需要花在尋找其他替代產品的時間就愈少。

——巴塔哥尼亞品牌責任長 **篠健司**

恭喜綠藤生機十年經營有成，期許未來十年成為全球永續生活的典範！

——創業者共創平台基金會董事長 **顏漏有**

©Unsplash

楔子

將信念化為行動。

——美國思想家愛默生（Ralph Waldo Emerson）

二〇一六年三月，台北街頭仍透露著料峭春寒，空氣中卻飄散著一股衝破框架、渴望改變世界的熱烈氣氛，因為第一屆B型企業亞洲年會，正在金融研訓院盛大舉行。

為期兩天的年會中，聚集了來自英國、歐洲、紐澳等地的B型實驗室代表，以及涵蓋亞洲七國的B型企業家，包含宏碁電腦創辦人施振榮、戶外用品領導品牌巴塔哥尼亞（Patagonia）時任亞洲環境長的篠健司（Kenji Shino）等人齊聚一堂，分享企業如何在最壞的時代，成為永續與創新的新未來。

會後，綠藤創辦人鄭涵睿穿著他心愛的巴塔哥尼亞夾克，興奮的向篠健司致謝，因為巴塔哥尼亞的存在，讓更多相信「以商業力量讓世界更好」的企業，能有真正值得效法的對象。

隔天，篠健司一身輕便裝扮，帶著溫和的笑意，一邊品嚐著綠藤發芽吧的鮮活精力湯，同時侃侃而談，慷慨無私的與綠藤夥伴分享巴塔哥尼亞式的環境永續理念。

成為對世界最好的企業

篠健司親自來訪、分享，這個景象，對於綠藤創辦人鄭涵睿、廖怡雯與許偉哲而言，是創業之初無法想像的夢想情景。

巴塔哥尼亞對永續的貢獻，一直是綠藤也想要成為B型企業的原因。甚至在綠藤的內部訓練中，鄭涵睿也帶同事們一同研讀巴塔哥尼亞的商業個案，期許綠藤繼續努力推動健康永續的生活型態，並持續不斷的向標竿學習。

巴塔哥尼亞是全球戶外用品的領導品牌，年營收達二億六千萬美元（約合新台幣八十億元），曾被《財星》評選為全美百大最值得工作的公司，這家公司讓員工可以隨時翹班去衝浪，被喻為是「地球上最酷的公司」；他們也顛覆了企業的貪婪形象，自發性的繳納「地球稅」，每年捐出一％的營業額支持環保團體，還號召超過一三〇〇間企業加入此行列，並且分享有機棉、永續科技與製程知識給 Nike、Uniqlo 等「競爭者」，一起為推動環境保護努力。

在追求企業獲利成長的同時，巴塔哥尼亞也致力於發揮強大的社會影響力，號召小型私人企業加入改善環境的行列。

而在太平洋彼岸的綠藤，就是一家深受巴塔哥尼亞啟發的公司。

從芽菜開始的小革命

氣候變遷、全球暖化，龐大難解的環境議題就像巨大的幽魂，籠罩著看似繁花盛錦的人類文明。

而在台灣經濟快速發展的步伐中，屢屢出現的食安風暴，導致人心惶惶。愈是黑暗的時刻，愈需要有人持續仰望星空，腳踏實地投入改變的行列。

二〇一〇年，鄭涵睿、廖怡雯與許偉哲毅然從金融業跳入農業創新，創辦了綠藤生機。歷經了上千次的失敗，才種出全球獨特的「活芽菜」——不僅可以讓消費者吃到蔬菜最完整的營養成分，而且節省了九〇%水資源，讓農作物的生產方式更加永續。

而活芽菜，僅僅是個起點。

綠藤大膽跨入競爭激烈的保養紅海市場，同樣堅持以人體安全與環境永續作為產品開發的首要考量。

相較於市售常見的石化來源成分，綠藤從自然界中尋求配方解答，以天然來源成分為主，並且列出超過二四〇〇項非必要成分，對於每一個放入產品中的原料再三斟酌，力求「滿足肌膚保養的真實需求」與「減少環境負擔」的最大交集。

改寫產業規則的企圖

從以天然來源成分為主的「天然保養」，進階到主張不添加非必要成分的「純淨保養」（Clean Beauty），看似簡單的一瓶保養品，其實是歷經了無數失敗與實驗，才凝聚而成的心血，承載著綠藤意圖改變世界、帶來系統性變革的夢想。

因為改寫了保養產業的遊戲規則，勇於走不一樣的路，二〇一五年，綠藤被《彭博商業周刊》喻為「華人植村秀」。

同一年，綠藤加入B型企業的行列，以創新的模式，翻轉眾人習以為常的商業世界，在追求獲利成長的同時，也要為消費者、社區、環境、股東等全體利害關係人創造利益。

減少不必要的消費，就是減少對人與環境的負擔。在充滿創意的倡議之下，綠藤建構出一個逐漸壯大的正向影響力網絡，用「永續」的全球共通語言，開始跨足世界。

二〇一九年開始，綠藤先後登上全球時尚盛會的倫敦時裝週與紐約時裝週，讓國際看到來自台灣的純淨力量。

創造更多永續的生活選擇

至今，綠藤已成為亞洲第一個連續四年蟬聯「對環境最好」獎項的B型企業；更在二〇一九年進一步獲頒「整體最好」獎（Best for Overall），與許多國際頂尖品牌並肩，倡議永續理念。

不過，獎項肯定與媒體讚揚，都無法代表真正的綠藤。對鄭涵睿、廖怡雯與許偉哲而言，他們從創業第一天至今，一直試圖回答一個問題——有沒有可能讓更多永續選擇，在生活中發芽，讓世界變得更好？

與其坐著空想，不如將想法付諸行動。因為相信永遠有更好的方式對待自己及環境，這一路，綠藤吸引了愈來愈多志同道合的夥伴與消費者，加入改變的行列。

至今，綠藤的創新腳步，仍在持續向前。

對綠藤來說，或許真正的成功，是當有那麼一天，人類可以與環境真正的和平共存、永續的共生美好；而那樣的願景，不會只屬於綠藤，而是每個願意讓這個地球變得更好的人，一起共享的未來。

第一部

使命的召喚

不聰明的事，還是要有人做

只需要一點點勇氣，
就可以讓生命轉彎。
——電影《三個傻瓜》

第一次來到綠藤的訪客，看到入口牆面一整片的馴鹿苔，總會忍不住伸手感受那種柔軟溼潤的觸感。它們來自北歐斯堪地半島的永續森林，是野生馴鹿愛吃的主食之一，不只可以輕微調節濕度，更重要的是，它能一〇〇%生物分解。

在綠藤的辦公室中，令人印象深刻的，不只大片的綠意及環保材質，還有入口處由通透玻璃牆構成的會議室，一塵不染的玻璃上，印著綠藤信仰的「Reduce、Replace、Reimagine」，這信仰持續透過他們的產品影響著世界。

十年前，鄭涵睿、廖怡雯、許偉哲，三位台大財金系的畢業生，原本在令人稱羨的金融外商工作，但是他們選擇放掉手中的璀璨前途，從零開始創業，而且第一個產品，居然還是很少人聽過的活芽菜。

「你們是台大畢業的，為什麼要來種芽菜？」很多人對他們的決定感到不解。因此，在之後很長的一段時間裡，人們喜歡用「三個台大財金系的高材生，放棄百萬年薪投入農業」，來描述綠藤的故事。

光明卻可預期的人生軌道

對於綠藤三位創辦人而言，他們至今仍然不太適應這個敘述，因為他們從來不覺得自己「放棄」、「犧牲」了什麼，只是隨著生命階段的不同，看到了不同的風景、更值得關心的議題，自然而然的做出最符合當下心境的選擇。

如同許多成績優異的學生一樣，他們自北一女及建中畢業，接著進入最高學府就讀。「當時好像沒有想太多耶！其實就是分數到了，」廖怡雯回憶起當年，不曾思考自己喜歡、適合什麼，「就是跟著社會的期待一路念書，考個好大學。」

青春正盛的三人享受著大學的自由生活，喜愛音樂的鄭涵睿及許偉哲分別組了樂團，而廖怡雯則是透過宿舍的光纖網速，沉浸在廣大無垠的網路世界中。

畢業後，三人都進入金融行業。喜歡追求挑戰及自我成長的鄭涵睿，成為外商銀行的儲備幹部，備受公司器重；廖怡雯與許偉哲也分別進入投信及人壽公司，一路順遂。

當人生突然出現不滿足的警訊

美國心理學家紐加敦（B. Neugarten）曾提出一個理論——每個人心中都有一個社會時鐘（Social Clock），它會依據社會文化的規範，提醒我們在不同的人生階段去做那個階段該做的事，不論是畢業、工作、結婚、生子或是追求晉升。若是偏離了社會既定的節奏，人們的心中便會出現「滴答！」「滴答！」的催促聲，提醒你回到正軌。

可是，明明走在社會認可的道路上，在接近三十歲時，鄭涵睿、廖怡雯及許偉哲心中，卻響起令他們不安的「滴答！」「滴答！」聲。

二○○九年，鄭涵睿負責兩岸三地的財富管理策略發展，年薪超過百萬元。但是，績效愈亮眼，他心中的問號愈多。「我發現自己不太確定，我手中這些消費金融產品，真的可以讓人過更好的生活嗎？」夜深人靜時，望著滿桌文件，他心中總覺得少了什麼。

這時候，他突然發現，身邊有個人每天都過得很開心。「那個人就是我的母親，林碧霞博士，」鄭涵睿其實有點意外。

林碧霞是台大園藝系博士、曾任台北廚餘堆肥計畫主持人、「主婦聯盟生活消費合作社」共同發起人，也是天然清潔品牌「橘子工坊」創辦人；她和先生鄭正勇，台灣大學園藝系名譽教授，都是台灣有機農業運動的先驅，人生致力於推動有機種植、環保清潔劑、資源回收及減硝酸鹽運動，懷抱著永續的理念，兩人經常深入各地鄉間，協助農友解決問題。

「我知道他們做的事情很有意義，但是真的太辛苦了，」從小看父母如此投入的推廣環保理念，卻不免遭受誤解，鄭涵睿既心疼他們，有時也感到不平衡，「小時候一直覺得，為什麼同學暑假去迪士尼樂園玩，爸媽帶我出國，卻是去開車或坐船還需要一、兩個小時以上的偏遠農園？」

進入財金系，念過經濟學、會計學的鄭涵睿，曾經覺得父母很傻，做這些吃力不討好的事，根本不是「理性經濟人」應該做的事。

當時母親只是笑笑的對他說：「有些不聰明的事，還是要有人做。」

一開始，鄭涵睿並不明白這句話背後的深意。但是當他心中愈徬徨，這句話愈清晰。

讓林碧霞博士（左）與鄭正勇教授（右）的研究與知識保留下來，並且發揚光大，成為了綠藤存在的意義。

「我二十七歲時，薪水就已經比她高了，但是看著她對自己正在做的事情有著高度的認同感，我其實有點納悶。」

不論是扶持努力做事的員工，或是研發環保清潔劑，幫助環境及人們更健康，看著母親每天充滿使命感的神采，以及快樂的容顏，鄭涵睿非常羨慕。他開始思考，什麼才是自己的理想工作？

在城市另一角的辦公大樓裡，廖怡雯與許偉哲也湧起同樣的感受。

身為投信研究員，廖怡雯的工作是研究市場趨勢，定期產出投資報告，五年下來，她愈發駕輕就熟，也獲得公司賞識。

但是有一天，她發現自己走不下去了，「因為沒有熱情。」

廖怡雯曾經以為，前方有許多路徑可供選擇，就足夠了。但是在一個沒有標準答案的社會，她才發現自己從未想過，自己的人生想要什麼？對什麼事情感到熱情？

沒想到，率先為人生按下「轉換」鍵的，卻是個性穩重、一向隨遇而安的許偉哲。

許偉哲原本在壽險公司擔任業務襄理，像許多人一樣，他對自己的工作不特別喜歡，但也不討厭，每天按部就班，日子過得穩定而踏實。但是，許偉哲心中仍然出現另一個聲音，渴望從事更具社會影響力、能夠幫助別人的工作。

沒有太多猶豫的，許偉哲立即跳出既有的圈子，尋找非營利組織的工作機會，並在鄭涵睿的引薦之下，加入林碧霞的團隊，擔任橘子工坊業務經理。

同時間，鄭涵睿申請上麻省理工史隆管理學院ＭＢＡ，希望看見更廣大的世界及更多可能性；而廖怡雯也順利錄取英國的行銷研究所，給自己一段思考及探索的時間。

生命的選擇，不需在意他人眼光

不過，就在這些計畫一一展開之際，三人對林碧霞的理念有了更深的體會，這一次，他們決定回應內心的滴答聲，將博士的理念及技術發揚光大。

這個決定，不只跌破眾人眼鏡，就連林碧霞也擔憂的詢問另一半：「我是不是害了這些年輕人？」

但是對鄭涵睿、廖怡雯及許偉哲三人而言，趁著年輕，去做一些更有意義的事，完全不需要猶豫。

「許多人都會認為，念什麼科系就要朝什麼方向發展，但我們三個人有個共通點，就是不喜歡被定義，也不喜歡跟別人一樣，」鄭涵睿說完，廖怡雯馬上笑著補充，「我們還有另外一個共通點，就是不認為金錢是最重要的事！」

原來，除了社會賦予的定義標籤，每個人也都擁有屬於自己、獨一無二的心靈時鐘，當心靈時鐘與社會時鐘的節奏不同時，不要害怕跟別人不一樣，因為真正的不平凡，是你有自己想做的事，持續去做，而且做出成績來。

無論在人生哪個階段，你需要做的，只是問自己——什麼是生命中最重要的事？

練習

如何找到人生更重要的事？

參考矽谷傳奇人物川崎（Guy Kawasaki）的著作《創業的藝術》中提到，創造意義有三種方式，試著問自己以下三個問題：

1. 你目前在做的工作，如何幫助別人過得更好？
2. 當你看到一個問題，你會如何去改正錯誤？
3. 對於你非常熱愛的美好事物，如何才能防止它消失？

同樣都是在做砌築工作，有人認為自己只是在砌磚，有人認為自己在砌牆，也有人認為自己正在建一座教堂。

也許你不需要創業，只需要跟著這三個問題思考，並寫下答案，就可以將你目前正在做的事情，與更深刻的意義與價值連結。

延伸閱讀

綠藤如何從這三個問題，找到品牌存在的意義

改變，從勇於提問開始

這世界之所以有意義，是因為我們勇於提出問題，而且我們的答案很有深度。

——美國天文學家薩根（Carl Sagan）

你是否想過，為什麼許多人知道永續的重要，但卻總在付諸實踐時，卻步不前？真正激勵自己、打動人心的關鍵，不是做什麼，而是為什麼而做。激勵演說家西奈克（Simon Sinek）認為，找到核心的「為什麼」，才是喚起深層情感、號召共同理念的關鍵。

綠藤的創辦源起，正是一連串的「為什麼」。

對鄭涵睿而言，環保與永續並不是高高在上的口號，而是再平凡不過的日常。他出生的舟山路（現基隆路三段），是台灣第一個實行資源回收的示範社區；主婦聯盟推行一籃菜運動時，他們家是第一號訂戶，資源回收、吃長得不那麼好看的醜蔬菜，或是使用油來保養清潔，是他理所當然的生活。

疑問的起源，來自於日常生活的感受

二〇〇五年，在台北土生土長的鄭涵睿第一次離家到金門當兵，學著自己洗衣服。面對一臉盆的髒衣物，他和同梯一樣，將從附近商店買來的洗衣粉，撒在上面搓揉，然後沖水、晾乾。幾天後，當他穿上乾淨的衣服，身上卻冒出一粒粒紅疹，奇癢難耐，原來竟然產生了嚴重的過敏。

我從來就不是過敏體質，為什麼會這樣？鄭涵睿好奇，抓到時間就從金門撥電話回家問母親。

這才知道，原來他一向自以為的健康，是因為自從他出生之後，家中就不用市售的石化洗衣粉及清潔劑，以免石化添加物殘留在衣物、碗盤上，林碧霞多用自己研發的天然清潔劑，也就是橘子工坊產品的雛型。

休假後回到軍營，鄭涵睿改用家中帶去的洗衣粉，過敏果然不藥而癒，洗完衣服之後，手也不會乾澀。因為這次的體驗，鄭涵睿才發覺，原來自己從小習以為常的一切，在外面的世界中並不那麼理所當然。

早在二〇〇四年，鄭涵睿就已經開始協助母親成立橘子工坊的品牌，「但當時我一直覺得，這個清潔劑只是環保而已，」沒想到實際使用過之後，「環保等於不好用」的印象被徹底顛覆，「原來我媽研發的天然清潔產品這麼厲害！」

興奮的鄭涵睿，將這件事與同在外島馬祖當兵的好友許偉哲分享，並熱情的將自製洗衣粉分享給他。

「其實我一開始只是想省錢，」個性實在的許偉哲坦承自己的心路歷程，「但是用了之後，第一個最強烈的印象是香味。」

不同於過去，洗過的衣服總殘留著強烈的人工香味，使用鄭涵睿家的洗衣粉時，鼻中只聞到淡淡的橘子香，而衣服曬乾之後，一切味道消失，只留下布料原本的味道。

更令許偉哲訝異的是，當他習慣天然製品後，回到台灣本島，每當逛大賣場或超市時，只要經過販售洗衣精的貨架，聞到味道，喉嚨居然感到微微的刺痛。

一罐看似小小的洗衣粉，卻猶如被使勁投入水中的石頭，讓鄭涵睿與許偉哲對切身生活，發出一層又一層的追問：

為什麼博士自製的洗衣粉清潔力強，又不會令人不舒服？

為什麼使用一般洗衣精可能引發過敏？

原來我們的日常用品可能並不安全？

如果這些產品不安全，是否可以有更好的選擇？

這些疑惑停留在兩人心中，終究在日後改變了他們的人生。

對於沒有經歷「洗衣粉事件」的廖怡雯而言，更多的提問與思索，則是來自與林碧霞的朝夕相處，以及餐桌上的真實體驗。

二〇〇九年，許偉哲已經在橘子工坊待了一段時間，廖怡雯則在等待出國。人生有了空檔，她突然想到鄭涵睿及許偉哲曾分享過橘子工坊的點滴，像是建網站、設計小遊戲的故事，「我覺得好像很有趣，就厚著臉皮問涵睿及博士，我有沒有機會參與橘子工坊，即使是實習也沒關係。」

回想起當時的毛遂自薦，廖怡雯有些害羞的摀住臉，「當時博士可能很為難，因為她是很認真做事，但很不習慣叫別人做事的人。」

儘管如此，鄭涵睿還是為她們安排了會面，「我們約在台大附近的星巴克三樓的角落，當時我一直很想說服博士讓我進公司幫忙。」

儘管事隔十年以上，在廖怡雯心中，當時的場景仍然歷歷在目，因為她的人生自此走向了另一條道路。

餐桌上的哲學思考

「我很幸運，有許多機會與博士相處，」廖怡雯與林碧霞時常一起搭捷運下班，獨自在外面租房的廖怡雯三不五時就跟著林碧霞回家吃飯。當時餐桌上的每一道菜，都令她感到不可思議。

「像是來自主婦聯盟的青椒，生吃的時候，會立刻感受到它的多汁和風味；即使是一塊豬肉、一顆蘋果，都有各自不同的滋味，」這是二十多歲的廖怡雯第一次直接感受到，什麼叫做「吃好的食物」。

好奇心強烈的廖怡雯，開始追根究柢：為什麼博士家的飯菜這麼好吃，與外面餐廳不一樣？

面對一連串問題，林碧霞總是耐心為她解答。舉例來說，青菜是否美味，牽涉到營養及土壤的管理，包含是否在對的時間給予青菜需要的微量元素；而市售青菜可能因為過度施肥、沒有做好營養管理，所以吃進口中時，只徒留青菜的外型，卻早已失去真實風味。

但是，廖怡雯沒有就此滿足，這些問答讓她注意到更多看似微不足道的生活細節。

有一次，她與鄭涵睿一家在餐廳吃飯，當服務生把菜端上桌後，林碧霞馬上拿筷子撥掉盤子上的石斛蘭，還提醒大家不要食用花旁邊的食物。她立刻問，「為什麼要把花移開？難道這朵花有毒嗎？」

色彩鮮豔又討喜的石斛蘭，一直被許多餐廳用來擺盤裝飾，廖怡雯從未想過這會造成什麼問題。在兩位長輩的解釋下，她才知道，農友種植石斛蘭時，為了避免蟲害，通常會噴灑農藥，因此，餐盤上的石斛蘭不僅多半殘留藥物，也容易汙染周圍的食物。

石斛蘭是觀賞用植物，使用適量農藥來防治蟲害很合理，不需要責怪農夫。值得思考的是：為什麼要將觀賞花卉與餐飲結合，讓人們在不知不覺中吃下農藥？如果每個人更關注飲食安全，是不是就能改善這樣的現象？

這些從餐桌上開展的問答與對話，一點一滴影響廖怡雯，不曾特別關注環保議題的她，開始反思——現代生活的便利，是不是建立在對環境的耗損之上？

正如同《一千零一夜》中，一個故事串起一個故事，建構出一個瑰麗的想像世界。

鄭涵睿、許偉哲及廖怡雯從生活中最習以為常的日用品開始，提出一連串的「為什麼」，每個提問帶來的答案，又衍生出另一個問題，一環扣著一環，最終形成一個充滿未知的世界，等待他們去探索。

從提問產生行動，帶來改變的力量

他們用心觀察日常生活的細節，對各種看似理所當然的現象提出疑問。

市售洗衣精既便宜，清潔力又強，有什麼不好？原來是因為當時有些添加了磷酸鹽、壬基苯酚等化學成分的洗衣劑，會隨家用廢水排入河川中，造成河川湖泊汙染、藻類大量繁殖，水中生態嚴重失衡。

有沒有可能，讓消費者願意多花一點錢購買品質更好的洗衣精，讓廠商有足夠的成本製造更好的產品？

提問之所以重要，從來不是因為能立即找到答案，而是幫助我們發掘問題，持續的追問——為什麼這樣？有更好的方式嗎？當我們停止責怪別人，回到自身思考「我們可以怎麼做？」改變的契機也於焉而生。

在鄭家的餐桌上，總是有一籃自己種的芽菜。吃飯時，三個年輕人忍不住好奇的問：「為什麼要吃芽菜？為什麼不吃高麗菜就好？」

林碧霞便會娓娓述說，芽菜是作物的幼苗，種子在發芽過程中，會產生非常豐富多元的營養素來支撐成長，因此芽菜的營養價值比一般成菜高。

「既然芽菜營養價值這麼高，為什麼大家很少吃？」

「在外面吃飯時是不是該多點芽菜？」

「外面的芽菜可不能多吃！」林碧霞趕快告訴他們，市場上許多便宜而且白白胖胖的芽菜，大多有不必要的化學添加，可能造成人體的負擔。

下一個問題便自然的迸出來：「芽菜這麼營養，為什麼不用更好的方法來種植？」

在林碧霞溫柔的解釋中，他們才知道，許多農友採用慣行做法，可能需要花上十倍的力氣才能說服他們改變，而農友也懷疑，這樣種出來的菜真的會被消費者接受嗎？

每個疑問都像一把鑰匙，幫助他們更深入問題的核心。知道愈多，愈能發現其中的不合理，於是再次產生疑問。當一個又一個「為什麼」持續循環轉動，廖怡雯心中也浮現更多的假設與可能。

如果，我們不喜歡市售使用了化學添加物的芽菜，能不能自己種出更健康、更營養

的芽菜，推廣給消費者？

如果，我們認為採用石化原料的洗髮精、洗面乳，會造成能源消耗及環境汙染，可不可以自己研發更有效但更天然的產品，提供消費者不同的選擇？

博士有這麼多珍貴的想法與技術，我們是否可以成立一家公司，將這些技術發揚光大，串連起產品品質、消費者利益、環境永續的共好價值？

在每次的討論之後，最終總有一句話出現在廖怡雯心中：「我們討論了這麼多可能，還有博士的技術作為後盾，為什麼不動手做做看？」

在這些問答的思辨中，二〇一〇年的春天到來了。千萬個日常疑問，最終收斂成簡短而充滿力量的生命問句——

如果我已經有想做的事情，為什麼不去試試看？

我們要不要一起創業，做一些更有意義的事？

「永遠有更好的選擇」，廖怡雯、鄭涵睿與許偉哲帶著從林碧霞身上獲得的啟發，三人決定創業，讓這世界上的種種問題，也能萌發更多創新而有意義的解答。

練習

一起找到屬於自己的「為什麼」

每次有新的夥伴加入綠藤時，鄭涵睿、廖怡雯與許偉哲都會請新夥伴去看一段TED Talk：「Start with Why—黃金圈理論」。

「為什麼？」是綠藤夥伴們最常見的問句之一，做任何專案之前，你必須回答為什麼要做、什麼是應有的景象、什麼是存在的理由？

一起去尋找屬於自己的「為什麼」，找回你的初衷，點燃行動的熱情。

延伸閱讀

來看看綠藤幾個部門的「黃金圈」

品牌的力量可以改變世界

雖然每個人都想成功，但我希望被看作一個創新、值得信任、負有道德、並且對世界帶來巨大改變的人。

——Google創辦人布林（Sergey Brin）

二〇〇九年，全球尚未從金融海嘯的損害中回復元氣，但是永續創新的火苗，已開始閃現。

美國首任黑人總統歐巴馬宣布就職，在演講中，他特別指出，美國將和世界各國一起對抗全球暖化，不能再對國界以外的苦痛視而不見，也不能再消耗世上的資源而不計後果，「因為世界已經變了，我們也要跟著改變。」

這簇改變的火焰，也出現在一萬兩千公里之外的台灣。

在台大附近一間民宅內，有一張小小的餐桌，鄭涵睿、廖怡雯及許偉哲曾經好奇的坐在這裡，聆聽林碧霞與鄭正勇述說食品安全及環境永續的奮鬥史；這裡也曾經出現數不清的提問解惑，最終讓他們萌生「我們可以幫助世界變得更好」的熱情與行動力。

這世界需要小小的革命

不同於一些創業者，鄭涵睿、廖怡雯及許偉哲在創立公司的時候，既沒有產品，也沒有去定義市場、分析競爭者。

對他們來說，綠藤的創業初衷很簡單，「我們覺得，無論是生活、食物、日用品，其實都需要一個小小的革命，讓世界變得再好一點點。」

這個使命聽起來很簡單，但是涵蓋的層面卻很廣，究竟怎麼做才能達到？

「世界上資源最多的地方在哪裡？」鄭涵睿解釋當時的想法，他引用哈佛商學院教授波特（Michael Porter）的論點，「全世界的八〇%資源都被企業掌握。」也就是說，想改變世界，最有效率的做法可能是借重商業的力量。

曾經受過財金訓練，再加上職場經驗，鄭涵睿、廖怡雯及許偉哲從不認為商業機制是邪惡的存在，無法與環境永續的理念並存。

三位創辦人（由左至右：廖怡雯、許偉哲、鄭涵睿）期許，綠藤在成長壯大的路上能永保初衷，繼續堅持「對世界好」的理念。

鄭涵睿在個人學習的過程中，研讀到不少成功的企業個案，比如亞馬遜的電商模式改變了現代人的生活，又如蘋果公司重新定義了手機。而這些企業之所以成功，是因為他們洞悉了人類生活的本質需求，提出前所未見的解決方案。

「當時我有個很強烈的感覺，一個好的理念，必須透過品牌及產品去接觸消費者，幫助他們解決問題，才能真正改變人們的行為，」鄭涵睿說。

這個體悟，成為綠藤在思考商業模式時的重要指引，從創立的第一天，他們就決定要奮力成為一個能夠影響、改變消費者的品牌。

對於華人社會而言，三十歲是一個具有特殊意義的數字，有人想要趕在三十歲時成家立業；有人則是期許自己升職加薪，累積一番事業成就；而鄭涵睿、廖怡雯及許偉哲的三十歲，則是辭去高薪的工作、擱置出國留學的計劃，挽起袖子開始創業。

許多人忍不住要問：為什麼他們這麼大膽改變？

原來，三人的信心其來有自。除了教科書上的案例之外，他們還親眼目睹環保清潔品牌橘子工坊的成功。

當時，林碧霞在永豐餘集團旗下的永昇圃農業生物科技擔任總經理，主力產品是農業資材及植物營養劑。受限於市場規模，公司的成長一直不如預期，林碧霞為了增加營收，另闢蹊徑，開始為里仁、主婦聯盟等有機通路代工製造橘油清潔劑，成為公司重要的收入來源。

當時鄭涵睿正好接觸「行銷管理」的課程，因為深信品牌的影響力，他說服母親從代工走向自有品牌。以天然、無毒、健康為訴求的橘子工坊，於焉誕生。

如今的橘子工坊，已是台灣知名品牌，但是在創立之初，其實少有人看好。

好的產品可以改變人們的行為

到大賣場走一圈，清潔產品幾乎都標價為九十九元、一百二十九元，橘子工坊的價格硬是高出好幾倍。懷疑的聲浪「消費者不會埋單」、「市場上沒有人這樣做」、「這樣的產品一定會失敗」，從來不曾少過。

「如果跟別人做一樣的事，我們永遠不可能創新！」當時協助策畫成立品牌的鄭涵睿有些不服氣，「而且放眼國際，天然清潔劑已經成為新的潮流了。」

成立於一九八八年的環保清潔產品公司「淨七代」（Seventh Generation），是鄭涵睿喜歡分享的例子。淨七代以維護未來七個世代的環境為使命，堅持選用植物來源潔淨成分，獲得消費者青睞，成為美國環保清潔家用的領導品牌。

而台灣社會也在成長，環保、安全意識慢慢抬頭。二〇〇五年，京都議定書生效，台灣宣布跟進；二〇〇六年，全國二十五縣市同步實施垃圾強制分類；二〇〇七年，國道讓路給紫斑蝶……。

廖怡雯回想，橘子工坊一開始的銷售成長雖然不快，但持續向上，再加上許多知名廠牌洗衣精被檢驗出環境荷爾蒙殘留，也讓社會大眾對於清潔劑的安全性更加警醒與要求，漸漸的，橘子工坊愈來愈受到歡迎。

橘子工坊的成立將鄭涵睿、廖怡雯及許偉哲三個人連結在一起，也是他們踏上創業路之前最深刻的一堂課——原來一個成功的品牌，真能深入每個人的生活，取代有問題的產品。

橘子工坊的產品，不只承載著品牌理念，更重要的是，它為人們的痛點提供更好的解決方案。因此，即使不曾特別關注環境議題的消費者，也會因為產品本身的優點而購買，在自由市場的商業機制下，潛移默化的改變世界。

「所以綠藤想做的其實很簡單，就是從好產品出發，以產品承載理念，藉著B2C的商業模式，讓消費者過更好的生活，」在鄭涵睿的想像中，假使能夠親手打造出自己相信的產品，並在產品的宣傳、銷售過程中傳遞理念，帶來一些改變，「也許這樣我就可以跟母親一樣，那麼熱愛自己的工作吧？」

芽菜，就決定是你了！

將林碧霞珍貴的技術發揚光大，透過產品傳達永續的理念，是鄭涵睿、廖怡雯及許偉哲三人創立綠藤的初衷，他們也很早就確立了以品牌為核心的商業模式。可說是萬事俱備，只欠缺產品。

那麼問題來了——在博士的眾多技術中，綠藤要從哪個產品開始？

「我們就像挖寶一樣，一直去採訪博士，問很多問題，」許偉哲回憶當時天馬行空的眾多想法。例如林碧霞提到，牧草的營養價值很高，他們就想：「如果把牧草打成汁，開一間主打牧草的飲料店，好像可以造成風潮！」他們請兩位長輩從屏東帶回新鮮牧草，就地在鄭家廚房動手打汁。「我們喝了一次，就打消念頭了！」許偉哲笑著說，當時他們真的無法想像每天喝牧草汁的生活。

他們也想過建立農產品評鑑與銷售平台，「因為博士知道如何挑選最好的蔬菜、最好的水果，我們可以透過評鑑機制，讓消費者知道應該跟誰買，再透過我們的平台下單。」

創業初期，三個人半是好玩、半是認真的提出許多可能性，而林碧霞總是耐心聆聽，並給予意見。直到有一天，廖怡雯、許偉哲與博士共進晚餐，餐桌上，兩人仍然熱烈討論著要開發什麼產品，林碧霞突然小心翼翼的說：「你們有沒有看過，採收下來、放在冰箱裡還會繼續長大的活芽菜？」

「活的芽菜？」廖怡雯、許偉哲大感興趣。過去吃菜的時候，從未想過它究竟是活的或死的，聽到這裡，他們立刻追問，什麼是活的芽菜？吃活的芽菜有什麼好處？

林碧霞曾經研發出創新的芽菜栽培技術，不像傳統芽菜會在採收過程中流失營養，在新的方法栽培下，芽菜能夠保留種子、種皮、根莖葉等芽體，完整收藏蔬菜的生命力，而且，消費者可以在食用前再自己採收。

一頓晚餐的時間，無法聊得太深入，但是許偉哲回家之後深深記得，「原來有一種菜，可以種到消費者買回家之後還繼續長大，想吃的時候再摘下來。這真的太酷了！」

於是鄭涵睿、廖怡雯及許偉哲決定，以芽菜作為綠藤的第一號產品。「除了活芽菜很吸睛之外，也因為這是小眾的利基市場，我們比較容易改寫它的遊戲規則，」許偉哲苦笑，當時三個人想得非常天真。

在綠藤的創業計畫中，綠藤種植芽菜之後的第一年，就應該損益兩平，第二年開始，品牌營收將倍數成長，到了第三年，就可以順利扭轉市場，讓更好、更營養的活芽菜成為主流。

從理想上來說，綠藤的發展，應該循著淨七代創辦人霍倫德（Jeffrey Hollender）的「綠色覺醒三部曲」前進：

- **第一階段：身體之內（In the Body）**。消費者首先會注意自己吃進了什麼，所以綠藤將提供最安全營養的活芽菜，讓他們獲得美味與營養。
- **第二階段：身體之上（On the Body）**。消費者會關心自己使用的清潔、沐浴及保養用品，是否安全。在這個階段，綠藤從天然中尋求配方靈感，努力開發對人體安全與環境永續更友善的洗髮精、保養品，讓消費者的肌膚與環境同時變好。
- **第三階段：身體周遭（Around the Body）**。經歷前兩個階段後，消費者會開始關注自己生活的周圍環境，進而節省水資源、使用替代能源。

見證了橘子工坊的成功，鄭涵睿、廖怡雯及許偉哲三人信心滿滿，恨不得立刻踏上改變世界的偉大冒險；而芽菜，只是這趟冒險的起點。

「畢竟，種菜能有多難？」沒想到，很快的，他們就體驗到了種菜究竟有多難。

練習

意識品牌的力量

你的選擇形塑了你，從今天起不妨檢視看看，自己在日常生活中會使用到哪些品牌？從衣著、交通工具到每天喝的咖啡，你為什麼會選擇這個品牌？背後的原因是什麼？寫下你的答案，感受品牌的力量。

延伸閱讀

來看看綠藤人如何做出每一天的選擇

第二部

綠藤精神萌芽

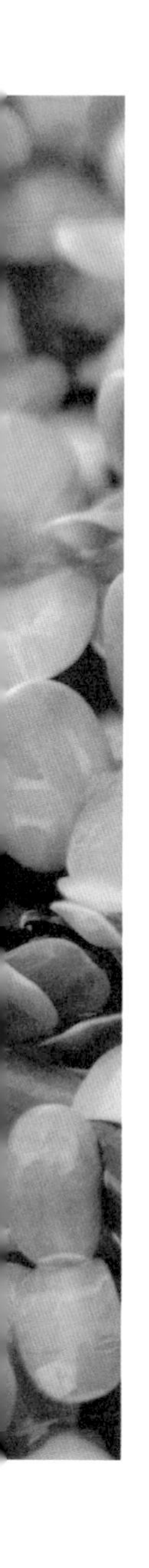

從冰冷的數字到真實的生命

如果你想提升你的成功率，就把你的失敗率加倍吧。

——IBM創辦人華生（Thomas J. Watson）

二〇一一年夏天，深夜，桃園八德農場萬籟俱寂，萬物好夢正酣。幾個身影突然從水泥地上的棉被窩爬了起來，走進育苗的生長室。他們一手拿著紙筆，一邊小心的撥開一株株的芽菜，觀察並記錄根部生長紙的水分含量及生長情形。

每兩個小時就起身一次，這已經是今晚的第三次了。

「奇怪，芽菜剛剛還好好的，為什麼現在有些已經開始發黃了？」他們再度檢查所有控制裝置，一切如常。

「還是失敗了！」隔天早上，鄭涵睿、廖怡雯與許偉哲失望的發現，昨夜還只有幾株芽菜出現問題，經過一晚，又因為不知名原因而大量腐爛。

「沒關係，今天晚上再繼續觀察，一定能找到原因！」三人互相打氣，兩個男生繼續夜宿農場。這種睡眠頻頻中斷、只能用飲水機的熱水洗澡的日子，鄭涵睿與許偉哲不曾埋怨，即便是希望一次次落空、挫敗到谷底，也沒想過放棄。

「也許是因為每次很辛苦的時候，看看旁邊還有兩個跟你一樣的倒楣鬼，就會覺得好過一點了，」鄭涵睿、廖怡雯與許偉哲，笑著吐嘈彼此。

曾經有記者問鄭涵睿，創業路上的偶像是誰？他當時回答：「蘋果公司的賈伯斯，以及我老媽——林碧霞博士！」

一個是研發高科技3C產品的創新家、企業經營者，一個是專注在永續與食安的博士，乍看之下，兩者並沒有什麼共通點。但是回到「創新」的本質，賈伯斯與林碧霞都勇於顛覆人們習以為常的慣性，不斷思考——什麼才是消費者的真正需求？如何以更好的方式來滿足這些需求？

因此，在創立綠藤之初，這群年輕人期許自己成為芽菜界的蘋果公司，要以「Think Different」的創新精神，種出精品級芽菜。

「種出活的芽菜，讓消費者想吃時隨時採摘，吃到最完整的營養」，是林碧霞的核心理念。過去她也曾找農友合作，但是大規模栽種的成本過高，實在難以為繼。

如何以創新的流程種出可商品化的活芽菜，是鄭涵睿、廖怡雯及許偉哲創業的最大挑戰。

這個目標，聽起來並不簡單，但是他們一開始卻非常樂觀。畢竟有農業專家鄭正勇、林碧霞的技術支援，也找了台大園藝所的農業碩士加入團隊，再加上廖怡雯與許偉哲曾在草創打造的溫控室中，進行小規模試種；技術、團隊與實驗一一到位，芽菜創業應該很快就成功了吧？

用創新精神種芽菜

「有人曾經說，如果你選擇一條和別人不同的路，那麼你不是天才，就是笨蛋，」廖怡雯苦笑的說：「創業第一個月，我們就知道自己離天才很遙遠。」

一開始，鄭涵睿、廖怡雯與許偉哲認為，只需要花一點時間建立生產流程，就可以將農場交給具備農學專業的夥伴管理，他們三人則專注在行銷與通路拓展上。

但是很快的，他們就意識到自己的天真。在桃園租下符合預算的農場之後，三人看著眼前空盪盪的貨櫃屋，心中突然一片空白，不知道如何將這裡打造成芽菜生長基地。

「自己在家種幾盒芽菜時，感覺好像很簡單，但如果要種上百、上千盒，我們如何規劃生產流程？」這瞬間，許偉哲突然覺得自己好像太小看這件事了。

在陌生的領域，有太多環節必須從頭摸索。在他們的規劃中，打算利用垂直空間栽種芽菜，但是市面上沒有合適的生長架，三人只好自己動手，每台生長架有上百個角鐵及螺絲，他們一個個徒手鎖上，還邊組邊修改，不斷拆開再重新組裝。

「跟想像中的高科技農業根本不一樣，我們都開玩笑說自己很Low-tech，」許偉哲回憶起當年的情形。

等待他們解決的，還有給水問題。傳統種植芽菜都採取大面積灑水，但是這個方式，並不利於芽菜生長。

「就像大家不會用很強的蓮蓬頭水柱幫小嬰兒洗澡一樣，芽菜是蔬菜的幼苗，當然也無法承受這樣強力的衝擊，所以我們改用RO逆滲透給水系統，直接從芽菜的根部供水，」許偉哲解釋，這個做法不僅更符合植物的生理機制，而且減少用水量九〇%以上。

採收方式，也是他們必須直面的難關。

傳統採收芽菜時，會連根拔起，然後剪去根部，經過沖洗、分裝，再送到消費者手中。但是芽菜的根部被去除之後，不僅會產生傷口，同時也因為與空氣接觸的面積增加，快速累積生菌，生命力與營養會不斷流失。

最理想的做法，是芽菜怎麼生長，就在同樣的環境下送到消費者的餐桌上。

想達到這個目標，必須捨棄可能繁殖細菌的土耕栽培，將芽菜移至無汙染的全室內環境；此外，為了做到不添加任何生長激素、農藥、化學肥料與滅根劑，芽菜必須栽培於獨立的生長盒中，才能降低病黴感染的風險。

這些不同於慣行做法的創新，背後其實有個最重要的精神——如果我是芽菜，我希望怎麼被對待？

芽菜，並不只是工業化農業機制中的產能數字，而是一個個活潑的生命。每批種子，生長狀態都不同，如何適時給予需要的照顧？

在每張8×14公分的生長紙上，究竟播多少顆種子才不算太密？不同品種的芽菜，需要的空間相同嗎？

不仰賴化學肥料，芽菜的養分全都來自植物生長的本源：水與光。但是不同品種、不同生長階段的芽菜，又該如何動態調整水份、溼度及光線？

面對眼前的難題，鄭涵睿、廖怡雯與許偉哲拿出不服輸的精神，逐一測試並記錄各

位於桃園八德，一塊占地五分的農場，一盒盒芽菜在自己打造的生長架上直挺挺的站著。它們的生命力旺盛，從栽種那一刻起，直到送進消費者家中的冰箱，依然持續「活著」。

種參數，做成密密麻麻的芽菜生長報表，希望建立芽菜生長的ＳＯＰ。

當時，他們種植了青花椰苗、綠豆芽、苜蓿芽、蘿蔔嬰、紫高麗苗五種芽菜，每一種芽菜都需要實驗。

在上千次的嘗試、失敗、調整之後，五百萬元的資金，在第一年就虧損了大半，馬上就要面臨資金斷炊的窘境。

幸好，努力了半年，芽菜種植終於步上正軌，良率維持在九成以上，二〇一〇年十月開始在主婦聯盟等有機通路銷售。

為了保持新鮮，他們買了一台運送芽菜的冷藏貨車。「買的時候很開心，車送到農場後我們才發現，沒人會開手排車！」廖怡雯笑著回憶，當時許偉哲被迫擔起運送芽菜的責任，第一次上路時，從桃園到台北的四十分鐘內，他在高速公路上就熄火了六次。

儘管過程中跌跌撞撞，但是鄭涵睿、廖怡雯與許偉哲終於種出了理想中的活芽菜。他們心中充滿了成就感與對未來的期待，改變台灣芽菜市場的夢想，已經踏出了最重要的第一步。

在創業過程中，是「沒有標準答案可循」比較辛苦？或是「好不容易建立的成功公式一夕之間失效」，更令人痛苦？

二〇一一年的春夏之交，鄭涵睿、廖怡雯與許偉哲盯著眼前堆積如山的腐爛芽菜，希望從中找到蛛絲馬跡。

尊重每個獨一無二的生命

就在芽菜成功推上通路銷售後，不到半年，芽菜的良率突然降低，農場交貨的週期開始波動。接下來，主婦聯盟的通路夥伴反應，消費者新買回家的芽菜變得不耐放，或是食用時發現有些芽菜變質、轉爛。這樣的狀況持續了一段時間，主婦聯盟甚至決定先將綠藤的芽菜下架。

有問題就去解決，這是鄭涵睿、廖怡雯與許偉哲的共同信念。但是，連問題出在哪裡都毫無頭緒時，該怎麼辦？

明明種子的品質，一如以往經過嚴格把關；溫度控制器、澆水系統也運作如常；種植流程、操作都跟以前一模一樣，為什麼芽菜生長到一個階段後卻開始腐爛？問題究竟出在哪裡？

「如果，我們找不到芽菜良率變差的原因，至少也要了解芽菜是什麼時候死掉吧？不能總是模糊的知道芽菜在半夜開始變質，所謂的『半夜』究竟是什麼時候？」懷抱著這個簡單的念頭，鄭涵睿與許偉哲開始睡在農場，每隔一段時間便起床看看芽菜長得如何。

一開始，他們兩個小時觀測一次。

晚上十點，一切如常。

深夜十二點，一盒芽菜中開始有一、兩株出現病斑。

凌晨兩點，芽菜出問題的區域擴大了。

隔天早上，鄭涵睿、廖怡雯與許偉哲，再一次無力的看著大片失去生命力的芽菜。

「如果芽菜會講話，可以告訴我們問題出在哪裡就好了，」一向穩重的許偉哲，也忍不住說出孩子氣的話。

但是，他們沒有時間浪費在沮喪與埋怨了，必須趕緊根據前一晚看到的現象，重新制訂今晚的觀測計畫。

一個又一個夜晚過去，在無數個二十四小時貼身觀察之後，鄭涵睿、廖怡雯與許偉哲，終於找到了可能的原因——隨著天氣愈來愈熱，過去建立的給水參數，可能已經不足以支撐芽菜的生長了。

鎖定了大方向之後，他們開始建立實驗對照組，增加芽菜的給水量。經過反覆實

「如果我是芽菜，我希望被怎麼對待？」
生命沒有SOP，必須設身處地為芽菜著想，深入理解植物生理，再想盡辦法滿足各個生長階段的真實需求。

驗，問題終於解決了。

芽菜的良率恢復了，並且重新回到主婦聯盟的貨架上。

「其實之前博士就提過可能是缺水，但我們半信半疑，」許偉哲回憶，當時他們摸索出成功經驗之後，居然覺得只要依據這套流程就會一切順利，其實這是很奇怪的心態。

「我們在職場上學到一個技能之後，並不會預設未來不再需要進修、學習了，但是我們只花了半年種菜，為什麼卻認為這套參數可以一直沿用下去？當生產不如預期時，甚至還回頭質疑技術本身是否可行？」

「我們實在小看了生命，」鄭涵睿感受深刻。經過這一場磨練，從芽菜身上，鄭涵睿、廖怡雯與許偉哲再度學到寶貴的一課。

每一株芽菜，都是一個真實而獨特的生命，無法用SOP去規格化、批次處理。要設身處地為它著想，就必須先深入理解植物的生長原理，才有辦法能滿足它各個階段的真實需求。

如今，「如果我是芽菜，我希望被怎麼對待？」這個問句不只貼在綠藤桃園農場的牆上，更深深烙印在鄭涵睿、廖怡雯與許偉哲的心中，他們將這句話延伸至肌膚用品、綠藤的消費者、綠藤的同事、每一位合作的夥伴身上。

「如果我是〇〇，我希望被怎麼對待？」體貼尊重的精神，成為綠藤產品研發及企業的重要價值觀。

門外漢的創新

在芽菜生長出現亂流的撞牆期，綠藤團隊內部也浮現不同的聲音。

「當時有同事從農業專業角度提出建議，我相信這些見解在農業或園藝的學術領域都是對的，」許偉哲舉例，同事提出適度施肥，為芽菜提供更多養分，「但是這樣種出來的芽菜，就不是我們理想中安全營養的芽菜了。」

同事也質疑，會不會是新的栽種方法還不成熟？為什麼不使用過去的傳統種植法，寧願看著芽菜日復一日腐爛、耗費資金？

當農業碩士遇上三個門外漢，不同的思維互相碰撞，鄭涵睿、廖怡雯與許偉哲才深深體會到，愈是厚實的傳統思維，愈可能成為創新的限制，因為過度的專業本位，遇到困難時，反而讓人愈難抵擋回頭走捷徑的誘惑。

廖怡雯分析，「我們沒有受過農業專業訓練，才會用不同的視角去找問題。我們可以運用解決問題的基本思維，也就是透過對於結果的觀察，回到植物生長的本質，去思考芽菜究竟需要什麼。」

這些思維的衝擊，與挑戰理所當然的勇氣，都成為日後綠藤在創新時的自我提醒。創新的真諦，從來不是在別人的答案上發現真理，而是回到源頭，自己去尋找答案。這是一個寬廣的新世界，因為每一個既定的答案可能只是剛好成功，並未解決真正的問題；現在運作順暢的流程，也許還存在更好的可能。

成功解決這次危機之後，鄭涵睿、廖怡雯與許偉哲並沒有停留，而是持續反省，精益求精的優化芽菜生長參數與流程。

個性穩重，被大家認為最適合照料芽菜的許偉哲，自此又過起了夜宿農場的日子。「有一晚，偉哲打電話給我和涵睿，想問我們，他可不可以進去室內睡覺。因為當時寒流來襲，外面只有十幾度，而芽菜還吹著暖氣，」廖怡雯笑著說，但是擔心人體呼出的二氧化碳會干擾芽菜生長，只能委屈許偉哲繼續露天睡覺。

不能滿足於現有的成功，而要持續的思考——真的只能如此嗎？有更好的方式嗎？不要害怕失敗、弄髒雙手，捲起袖子去做，就對了。

最重要的是，保有懷疑的精神，相信永遠有更好的方式。這是芽菜帶給鄭涵睿、廖怡雯與許偉哲的另一個珍貴啟示。

練習

如何剝繭抽絲，找到問題的根源？

運用豐田生產方式（Toyota Production System，簡稱TPS）創始人大野耐一極力倡導的「五個為什麼」方法，當你碰到一個問題時，可以反覆問自己五次「為什麼」，透過不斷的追問，幫助自己釐清、定義真正的問題為在，才能從根本上去解決問題。

不放棄任何機會，直面消費者

有時我們取得進展，有時我們失敗，但不變的是我們繼續嘗試。

——巴塔哥尼亞品牌責任長篠健司（Kenji Shino）

第一次到248農學市集擺攤的這一天，鄭涵睿、廖怡雯與許偉哲懷著興奮緊張的心情，小心翼翼的將一盒盒芽菜從紙箱中拿出來，慎重的擺到桌上。

這個市集是台灣口碑最佳、以人情味著稱的小農市集之一，聚集了全台各地友善環境的農產品，許多重視環境與食物安全的消費者，都喜歡來這裡採買。

從未擺過難、缺乏銷售經驗的他們，只懂得努力大聲叫賣：「最有營養的活芽菜！」「把濃縮的營養吃下肚！」終於有人好奇的停下來了。廖怡雯正想好好說明活芽菜的理念，卻聽到一句：「這是盆栽嗎？長得好可愛！」

正值秋冬火鍋季節，綠藤左邊賣高麗菜的大叔、右邊賣香菇的阿姨，都忙得風風火火，他們的芽菜攤子卻乏人問津。收攤時結算營業額，只有不到一千元，其中還包含了隔壁攤阿姨心疼他們生意慘澹而友情支持的金額。

過去在外商工作有多順遂，如今鄭涵睿、廖怡雯與許偉哲的自尊，就有多受打擊，「明明我們種的芽菜這麼棒，為什麼消費者卻不想理解？」

農學市集的銷售敗績，不是他們在消費者面前遭遇的第一次挫折。

在捲起袖子種芽菜之前，鄭涵睿、廖怡雯與許偉哲早就做好產品的市場定位。他們鎖定三十歲至四十歲的年輕消費族群，滿懷信心的認為，主打方便、健康、高營養的芽菜，一定可以滿足這群時常外食又想補充營養的消費者。

他們摩拳擦掌，特地找設計公司，針對這個客群，設計出簡潔時尚的包裝，挺立的芽菜直放在透明盒中，再以亮眼的白色紙環包住，上面則以紫色、綠色的躍動圓點做裝飾，希望如此高顏值的活芽菜，能夠吸引目標消費者的眼球。

二〇一〇年十月，綠藤的芽菜初次上架到主婦聯盟。求好心切的鄭涵睿、廖怡雯與許偉哲不想只是賣產品，還希望宣揚理念，他們花了好幾天斟酌字句，寫下文情並茂的文宣，夾在每盒芽菜上，希望與消費者全面溝通綠藤的理念。

果然，綠藤的芽菜引發廣大迴響，鄭涵睿、廖怡雯接客服電話接到手軟。但是一通通電話，不是想要下訂單，而是發出許多令人意想不到的疑問：

「這些芽菜為什麼長得跟過去一包一包的豆芽、苜蓿芽不一樣？」

「『活著』的芽菜是什麼意思？素食者可以吃嗎？」

「芽菜買回家之後，還要繼續種嗎？需不需要澆水？」

「用什麼方式料理才好吃？」

消費者教會我們的事

「當下真的不知道如何回答，」廖怡雯這時才發現，原來真正會購買芽菜的消費者，並不是他們想像中的年輕人，而是五十歲以上的婆婆媽媽；精心設計的質感外包裝遮蓋了大片芽菜，反而阻礙了消費者辨識、理解芽菜的資訊，也降低了購買意願。

剛創業的時候，他們對自己的產品擁有無比的自信跟熱情，認為：「我們種的活芽菜這麼特別，一定有人買！」可是真正面對客人的時候，他們終於發現，原來自己想要訴說的，跟消費者之間有很大的斷層。

對三位年輕的創業者來說，這是寶貴且重要的一課。正如同每一株芽菜不只是一個個抽象的生產數字，消費者也不是一群面目模糊、經過簡化的行銷調查量表，他們有自己關心的議題、有自己的生活主張，只有放下過去的成見，實際與消費者面對面互動，才能聽到他們最真實的需求。

「於是我們訂下了一個目標，一定要想辦法接觸到消費者，」鄭涵睿說，即使當時人力有限，他們仍然想透過人與人的互動，以最有溫度的方式傳遞活芽菜的理念。

二〇一〇年十一月，鄭涵睿、廖怡雯與許偉哲在248農學市集的網站毛遂自薦，希望加入這個看起來很酷的市集。

這個市集的創辦人楊儒門，長期關心農業議題，曾以白米炸彈抗議政府對土地及農民的忽視，出獄後，他花了六年時間成立農學市集，串聯農友與消費者。為了確保市集的品質，楊儒門和夥伴會拜訪合作農友的生產地，實際了解栽種、生產及製作的過程。

很快的，他們收到楊儒門的親自回覆，並且到農場參訪。在多年深耕農業的經驗中，楊儒門曾看過許多人轉換跑道，懷抱著美好想像進入農業，卻又放不下身段，沒辦法腳踏實地把農產品種好。

但是當楊儒門到了綠藤的農場，原本的擔憂瞬間消散。他看著地上的床墊，不可置信的問：「這就是你們睡覺的地方？」

「人只要認真，做出來的東西就不會差，」楊儒門肯定這幾個年輕人的投入。這股「只要能將芽菜種好，睡在地上也在所不惜」的拚勁，感動了楊儒門，也讓綠藤獲得了進駐248農學市集的機會。

之後，他們陸續進入匯聚各類創意品牌的簡單生活節、推動社群支持型農業的台中合樸農學市集，以及百貨公司的特賣展售會。面對客人時，他們也從一開始的緊張、辭不達意，練習到能夠將抽象的行銷語言，轉換成吸引消費者的具體訴求：

「活著」的芽菜，因為更為「耐放」，想吃時隨時採收，代表營養完全不打折扣！

活芽菜到底有多營養？生長三天的青花椰苗，蘊含的蘿蔔硫素含量可比成菜多二十至五十倍！

攤位上只賣芽菜，不夠吸引人？於是幾個過去從未下過廚的年輕人，一頭鑽入鄭涵睿家的廚房，開始研發芽菜精力湯、越式春捲的食譜，希望在消費者試吃的同時，把握機會說明綠藤的理念。

「當然，我們也運用過去工作上的人脈，聯繫上許多公司的福委會，去辦理試吃說明會，」鄭涵睿與廖怡雯笑著說，當時只要你在路上、咖啡廳聽到有人在討論芽菜，這些人常常不是綠藤的團隊，就是他們的親友。

這樣點點滴滴的深痛反省、奮力嘗試，是否能讓綠藤的夢想綻放生機？

聚焦在最重要的事情上

「宜珊，麻煩妳去外面走走，一個小時後再回來。」二〇一二年初，農曆年前夕，正是開心等待休假的輕鬆時刻。綠藤三個創辦人，卻把在台北辦公室到職才半年的唯一員工陳宜珊支開，關在小會議室開了一場緊急會議。

會議室裡說的，當然不是振奮人心的好消息。即使大家賣力投入，但是創業初期，因為投資在採購種子、農場灌溉設備及調整流程等支出，一年過去後，鄭涵睿、廖怡雯與許偉哲又各自申請了一百萬元的政府青創貸款，如今才到第二年底，資金又即將告罄。

鄭涵睿告訴夥伴，他們三人必須減薪三至四成，才能讓公司度過難關。沒有人動搖心志，想要放棄。他們打算破釜沉舟，全力一搏。

「我們決定接下來只聚焦在三件最重要的事情——能否增加收入？能否減少支出？能否提升品牌價值？」

在這個目標之下，他們能做什麼？環顧當時綠藤的辦公室，非常克難。辦公桌是自己買來組裝的；狹小的會議室擺不下幾張椅子，若有重要外賓來，只能約到旁邊的咖啡店；廁所馬桶容易堵塞，特定的生理需求必須走出大樓、到附近的學校解決。

而且，在一個月僅需一萬兩千元的租金中，他們也有辦法再儉省。陳宜珊回憶，「我們甚至將儲藏室租給附近的咖啡店 Rufous 存放咖啡豆。即使是一個月才兩千元的租金，對我們而言還是很重要。」

把握每一個成長的機會

積極開拓通路，創造更多銷售機會，似乎比較可行。在原本的計畫中，綠藤的芽菜應該在第一年就達到一百個銷售據點，但是到二〇一一年底只達到七十二個，離目標還有一段距離。「我們原本覺得，只要種出最好的芽菜，別人就會來邀請我們上架，」眼看再這樣下去不行，鄭涵睿、廖怡雯與許偉哲改變想法，「我們必須更主動一點。」

大家繼續跑市集、百貨公司展售會，鄭涵睿更透過母親的人脈，向台灣最具領導性的非基改豆腐商——名豐豆腐老闆黃孝誠尋求協助，「我們每個週末早上九點到豆腐工廠，幫忙接待參觀的訪客，為他們倒豆漿，然後在午餐時介紹綠藤的理念。」

回想起這段經歷，鄭涵睿心中充滿感激。透過名豐豆腐，綠藤很快接觸到一群重視食材品質與安全性的消費者，他們在購買豆漿的時候，時常也會順帶購買綠藤的活芽菜，一次就能為綠藤帶來兩千至五千元的收入，對於創業起步階段的綠藤而言，這筆收入就像及時雨一樣珍貴。

但是黃孝誠對綠藤的影響，不僅是如此。有天早上，許偉哲一如往常的帶著綠藤芽菜前往豆腐工廠，當時他因忙碌而暫時將裝著芽菜的籃子放在地上，這個不經意的動作讓黃孝誠臉色一沉，直率的問道：「你會將要給父母吃的芽菜放在地上嗎？」

這句話，對鄭涵睿、廖怡雯與許偉哲帶來許多省思，提醒他們重新檢視自己的心態。此後，綠藤的農場牆上便貼著兩句標語，一句是：「如果你是芽菜，你會希望怎麼被對待？」另一句就是「每一盒芽菜，都是種給父母吃的」。

鄭涵睿回憶，每次倒完豆漿之後，黃孝誠總是會再額外花時間分享他的為商之道與做人之道，「當時有句話影響我們很深——面對困難，迎上去就對了！」來自前輩的勉勵，讓鄭涵睿、廖怡雯與許偉哲一直到現在仍牢記在心。

風雨無阻的四處奔忙，不拒絕每一個機會，不論多賣出一盒芽菜、多打一杯精力

在綠藤創業的前幾年，在市集、百貨超市、企業超過上百場的擺攤，把握每一個可以跟顧客真實互動的機會，傳遞理念。

湯，都是幫助綠藤活下去的希望。

這一天，綠藤團隊來到了Sogo百貨十二樓的展售會。陳宜珊奮力介紹芽菜，全心投入的熱情，讓她清秀的臉龐顯得格外動人。

突然，有位阿姨上前攀談。可能感動於年輕女孩的認真，阿姨想為她介紹相親對象。「我本來要拒絕，」陳宜珊笑著說，「但是一聽那位阿姨說她和City'super的員工很熟，我馬上改口答應。」

被譽為「貴婦超市」的City'super是香港的頂級超市品牌，自從引進台灣後，吸引許多重視精緻生活的消費者。如果能進駐，對綠藤可能是很好的機會。

相親並沒有成功，但是阿姨還是介紹她認識City'super的員工，透過層層轉介，陳宜珊聯繫上公司採購。綠藤的芽菜，因此獲得進駐Sogo復興館City'super的機會。

不過，前三個月，他們只能拿到一個月一簽的合約，只要銷售額不如預期，隨時就會失去這個得來不易的機會。陳宜珊說，「當時綠藤只是一個很小的新創品牌，雖然採購願意提供機會，但也坦誠告訴我們，必須先證明自己的銷售實力，他才能向公司爭取，讓綠藤成為固定的供應商。」

「第一個月的銷售非常關鍵，」廖怡雯發現，綠藤的芽菜品項並不多，若只是放在貨架，沒有解說，很難吸引消費者的目光，因此白天他們請展售阿姨幫忙，下班後，廖怡雯與陳宜珊就輪流到超市站櫃，希望趁晚上七點到九點半打烊前，再多衝刺幾盒芽菜。

天助自助者，自助人恆助之

白天上了一天班，晚上下班還要坐公車趕去站櫃，這樣的日子累不累？「說起來很奇怪，那時候沒有想太多，只是很想試試看自己能走到哪裡，」回想起這段拚命三郎般的日子，廖怡雯反而充滿感恩。

站在百貨公司的地下室，每天向走過路過的顧客介紹綠藤的理念，這個過程無形中已化為他們的養分。廖怡雯感謝這一段日子的收穫：「讓我們可以跳出自己創業的小圈圈，不再只是埋頭做自己想做的事，而是直接把自己放在消費者面前，從他們身上學習——我們真正要滿足的，是誰的需求？要解決什麼問題？」

這些努力，終於為綠藤爭取到City'super的一年採購合約，為進駐精品超市打下第一場勝利。有了成功的開頭，後來陳宜珊又有其他機會，認識了Jasons超市的採購人員。Jasons也是台灣提供頂級國際產品的生鮮超市。就這樣一個接一個，綠藤進駐的通路愈來愈多，市場反應也愈來愈好。

若是沒有走上創業這條路，成長過程順遂的鄭涵睿，可能不會對人情世故有那麼強烈的感受。「我們都是重視禮貌的人，雖然還是有一些傲氣，」鄭涵睿反省，不論是到市集叫賣，或是為陌生人倒豆漿，對他而言，都是調整心態的重要過程。

「當時很多人幫忙我們，也有很多人對我們冷嘲熱諷：你們不是台大畢業的嗎？為什麼這些都不會？」鄭涵睿苦笑著說，「但是我們選擇不要理會那些雜音，而是去感謝每一個為綠藤付出時間的人。」

失去了傲人的名片頭銜及公司資源，鄭涵睿、廖怡雯與許偉哲很清楚自己將面對什麼。創業是自己的選擇，沒有人必須義務幫助他們完成夢想，但是只要有人願意給予綠藤機會，他們都會用感恩的心情，寄給對方一封感謝信。

在一次與業界前輩面對面諮詢後，廖怡雯如常寫下充滿心意的感謝信，包含自己在討論過程中的學習、綠藤在做的事，「我的目的很單純，只想感謝對方付出的時間。」

然而一段時間之後，這封信被那位前輩轉寄給正在尋找報導題材的蘋果日報記者。二〇一一年九月，成立不到兩年的綠藤團隊被蘋果日報以全版篇幅報導。三個月之後，又迎來了TVBS「一步一腳印」的專題報導。

這些報導也許沒有馬上帶來訂單，但是對綠藤團隊是很大的鼓舞。廖怡雯表示，在創業初期，家人雖然非常支持他們，但是也感到擔憂，「偉哲的家人會問他，公司有賺錢了嗎？每次擺攤時，宜珊的媽媽都在旁邊陪同，看得出來非常擔心。」

而媒體的報導就像一種社會認證，讓團隊的家人暫時放下心中的大石。大家開心之餘，更大的驚喜緊接而來。

有一天，鄭涵睿突然接到一通電話，電話那頭是一位名叫「小陳」的陌生人，他劈頭就說：「你們這樣不行，我想幫你們。」

儘管一頭霧水，不太清楚對方的來意，雙方仍然約了時間見面。原來，小陳是一位有機產業的前輩。他看了《蘋果日報》的報導之後，認為綠藤的芽菜非常特別，想跟他們分享一些通路經驗。

小陳分析，綠藤芽菜的成本太高，對於中間商而言，幾乎沒有利潤空間，因此綠藤想要拓展通路比較辛苦。正當陳宜珊以為小陳也束手無策時，小陳居然從包包裡拿出一份早已準備好、親手抄寫的通路名單，並耐心的告訴他們，可以從哪些通路優先聯繫。

看著眼前的名單，鄭涵睿、陳宜珊非常訝異。一位素昧平生的陌生人，明明沒有任何好處，為什麼還是願意幫助他們？「小陳只說，他很認同我們的理念，願意幫助我們這些想做有意義事情的辛苦人，」回想起這段故事，鄭涵睿至今仍然充滿感激。

二〇一二年，綠藤終於達到損益兩平，度過倒閉的危機，更迎來期待中的獲利。

正因為一路以來，綠藤獲得了許多不求回報的善意，他們也願意將這些火種分享給其他懷抱理想的創業團隊。當這些連結擴散出去，凝聚起來的力量，就能一點一滴撼動現實，帶來更多改變的可能，不論是創業，或對環境，這個道理都一樣。

練習

如何培養成長思維？

花十分鐘觀看美國行為心理學教授德威克（Carol Dweck）的TED Talks影片，她在演講中，描述在面對困難的問題時，如何以成長性思維模式（Growth Mindset），持續努力找到解決方法。

延伸閱讀

綠藤的成長思維九種思考句型

向世界學習，建構永續的商業模式

我們一般都認為資本主義的特質是無止盡的成長擴張，這也是資本主義被指控為大自然兇手的原因，但我們相信這種體制應該被取代。

——巴塔哥尼亞創辦人修納（Yvon Chouinard）

夏日的天空，飛機劃過，往遠方而去。坐在機上的鄭涵睿俯瞰愈來愈小的台灣，那顆渴望看見世界有多大的心，跟著激昂。

二〇一二年，在團隊的努力之下，綠藤終於轉虧為盈。鄭涵睿放下心中的大石，收拾行囊，前往美國麻省理工學院（MIT）史隆管理學院（Sloan School of Management），攻讀已延後入學兩年的MBA。

MIT擁有強大的創業文化。二〇〇九年，史隆管理學院的教授羅伯特（Edward B. Roberts）和伊斯理（Charles Eesley），曾經針對MIT的企業家影響力，發表了一個研究（Entrepreneurial Impact: The Role of MIT）指出——ＭＩＴ校友創辦的企業，每年營收總值高達兩兆美金，相當於全球第十一大經濟體。

這些企業，包含科技業知名的英特爾和高通、音響業龍頭的博士音響、工業巨頭卻堅決不上市的科氏集團，以及生技業的基因泰克、軟體公司Dropbox、食品產業的金寶湯公司等。

他們的產品，在許多領域，影響了現代人的生活。鄭涵睿回憶，在台灣，若身邊有朋友講出「我想改變世界」，可能會被視為異類，然而這句話，在波士頓時，他幾乎每天都能聽到好幾次，「我一直驚訝於ＭＩＴ同學敢於夢想的能力。」

ＭＩＴ兩年，沒有讓鄭涵睿失望，甚至深刻影響了他及綠藤的未來。

一開始，綠藤的經營沒有什麼不同。許偉哲持續待在農場，不斷優化芽菜的栽培流程；廖怡雯則與林碧霞合作，持續研發對人體更安全、對環境更友善的個人清潔保養品；而鄭涵睿在匯聚全球精英的ＭＩＴ進修，下課之後，與綠藤的同事越洋連線，處理日常工作。

直到鄭涵睿體驗到震撼教育，一切開始不同。「我在ＭＩＴ的第一個震撼教育，就是認知到，一個品牌若是無法成長，就沒有影響力。」

乍聽之下，可能讓人感到奇怪。追求獲利與成長，不是創業家的內在DNA嗎？為什麼要大老遠跑到MIT，才意識到這件事？

MIT的震撼教育

「剛創業時，我們的想法很單純，完全只做自己想做的事情，」鄭涵睿說，當時的綠藤團隊，專注在實踐自己的理想，沒有刻意追求獲利與成長，相信只要有好產品，就能吸引更多認同者上門。

擁有這種踏實與成就感，綠藤若是維持小而美的企業規模，似乎也未嘗不可。但是在以永續性商業策略學聞名的MIT史隆管理學院，鄭涵睿宛如當頭棒喝。

時間回溯到二〇一三年二月十三日，鄭涵睿走進「15.390 新創事業（15.390 New Enterprises）」的第一堂課，這堂課不僅是MIT史隆管理學院創業與創新學程（Entrepreneurship & Innovation Track）的必修課，也是麻省理工不同學院、科系的同學齊聚一堂、將累積已久的創業想法與熱忱付諸實行的地方。

在這堂課程中，老師所出的第一個作業，便是要求同學寫出一個可以在三年之內達到營收十億美金的商業計畫書。

十億美金，這是一個多大的夢？但是更令鄭涵睿訝異的是，當時所有的同學們都非常勇於去做大夢，而且從不畏懼向他人述說自己的夢想。

「假設世界可以分成兩種人，一種人是因為看見所以相信；而另一種，是因為相信所以看見，」在MIT，後者占了大多數。鄭涵睿笑著說，剛到MIT的幾個星期，他聽到「我想要改變世界」這句話的次數，就已經比過去一輩子還多。

「熱情是會感染的，」走在校園中，鄭涵睿突然領悟，這種不急著說「不可能」、擁有無限可能性的氛圍，也許就是MIT能夠成為許多創業家搖籃的原因。在MIT的課程中，他也清楚的認知到，「永續」不只是一個理念，更是一個讓企業更加健康，並為世界帶來正向改變的商業模式。

因此，綠藤也必須開始追求更大的社會影響力。「最簡單的例子，一個年營業額一千萬元和一個年營業額十億元的品牌，哪一個對社會更有影響力？」鄭涵睿以綠藤研發的洗髮精為例，他們費盡千辛萬苦，從上千組的排列組合中找到理想的配方，同時借鏡來自荒漠植物的靈感，以植物蠟質取代矽靈，不僅對頭皮與環境更好，而且採用濃縮配方，減少資源的耗費，「但是如果市場上沒什麼人知道綠藤，我們根本沒有任何影響力。」

走在校園中，鄭涵睿心中一驚。他突然意識到，在激烈的商業競爭中，綠藤只是存活還不夠，同時必須持續成長，才能吸引更多人才加入，做出更多好產品，影響更多消費者。

從小清新到追求永續成長

「在MIT的學習過程中，我看到將這些東西連貫起來的可能性，」啟發鄭涵睿的，是MIT史隆管理學院教授湯恩（Zeynep Ton）的「好工作策略」（The Good Jobs Strategy）理論。

湯恩在過去十幾年的研究中發現，提供好工作的企業，儘管可能會花費較高的勞動成本，但是卻能幫助企業營運表現得更好；而湯恩所定義的「好工作」，必須包含兩個要件：一流的營運，以及投資員工。

湯恩認為，當企業能夠把投資員工與營運策略結合在一起，儘管看似會提高公司的成本，但是卻能夠讓員工士氣高昂，進而讓公司的營運更加順暢，幫助企業提高市場上競爭力。當這個系統順利運作時，你的公司不僅能夠提供好工作給員工，同時也會為投資者帶來優渥回報，並提供消費者更實惠的價格與優質的服務。

依循著好工作策略，鄭涵睿將產品、員工、財務、消費者、環境都納入綠藤的影響力系統中，讓這個系統中的每個行動彼此產生正面的影響。

舉例來說，隨著季節轉換而推出新品、刺激消費，一直是生活保養品牌的常見做法，但是綠藤的臉部保養、頭髮護理及身體沐浴產品加起來，品項只有一般品牌的十分之一。

「產品品項愈少，愈不容易產生庫存與浪費，可以減少能源的耗損，是一個較常被忽略的管理面向，」鄭涵睿進一步解釋，商品品項減少，意味著公司可以集中資源，研發出更具競爭優勢的產品；同時，每一位夥伴的工作複雜度也隨之降低，可以用更多時間去深入理解產品的成分與優點，向消費者傳遞更專業的資訊，進而提升品牌的滿意度。

「這是一環扣一環的，」雖然一般人無法看到鄭涵睿腦中充滿千絲萬縷連結線的系統圖，但是這些理念，已經慢慢透過綠藤每一個產品、每一句文案、永續的包裝設計、客服人員溫暖的信件、獨特的門市設計等具體的行動，產生影響。

鄭涵睿在MIT的另一個收穫，是能在合作互助的創業氛圍裡，得到各個領域專家的指導。

在一次前往紐約新創公司參訪時，一位學長這樣告訴鄭涵睿：「如果你想創業，全MIT的學生、教授與校友，沒人想看到你失敗，他們都會幫助你。」

鄭涵睿也真切感受到這股合作的力量，「綠藤對於永續包材的想像，都是根基於二〇一四年在MIT的一個巧遇。」

接軌國際，綠藤大躍進

當時，保養品集團Natura &Co的包裝開發負責人包瑞禮（Emiliano Barelli），正在MIT念MBA。Natura &Co是全球第四大美妝集團，現在旗下包含了廣受消費者歡迎的巴西護膚品牌Natura、英國天然護膚品牌「美體小鋪」（The Body Shop）和澳大利亞有機護膚品牌「Aesop」。

當時包瑞禮聽到鄭涵睿正在研究這個議題，居然主動與他分享Natura &Co對永續包裝的理念，而且手把手的教他怎麼做，從設計的原則、材質的選擇、形狀的影響，甚至細到如何盤點包裝材料對環境的負載影響，都毫無保留。

在這樣的氛圍下，鄭涵睿也排解了創業者心中的恐懼。

這段期間，鄭涵睿研讀許多案例。他不安的發現，很多他喜歡的品牌、以理念驅動的公司，紛紛被大集團收購，像是美國有機茶品牌Honest Tea。

Honest Tea不僅以有機無糖的高品質茶飲，減輕消費者的身體負擔，也致力於社會責任，向美、非等貧窮地區購買茶葉，並與國際公平貿易組織合作，確保這些農民、工廠擁有合理的待遇，因此二〇一一年被品牌精神不同的可口可樂收購時，甚至有經銷商一度取消訂單。

企業要成長，不可能只靠自己的力量，勢必要引入外部資源，但是，若因此被併購，創辦人離開經營核心圈，企業還能保有初衷與堅持嗎？

「如果有一天綠藤長大了，是不是也會碰到這樣的挑戰？」鄭涵睿憂心忡忡的去請教教授。沒想到，教授直接將他引薦給淨七代的共同創辦人霍倫德，「你既然這麼擔心，何不親自去問他可以給你什麼建議？」

於是，二〇一三年底，清晨六點，鄭涵睿從天色仍一片漆黑的波士頓出發，開了四個小時的車，來到了零下十度的佛蒙特州（Vermont）拜訪霍倫德。當時淨七代歷經了公司下市再上市、被私募基金收購的動盪，雖然霍倫德仍是執行董事，但已經不再是淨七代的執行長。

鄭涵睿還記得，坐在霍倫德的辦公室中，自己除了向他請教一個社會責任新創事業可以努力的方向、台灣當時的清潔劑議題，與針對資源永續性的願景，還單刀直入的問他，從經營權轉換的過程中，學到了什麼？

如何在永續與成長之間取得平衡？

「現在回想起來，自己好像不太禮貌，但當時我真的太擔心了。」霍倫德坦誠的回答，令鄭涵睿印象深刻：「他說，如果能夠重來一次，他一定會讓投資金額分散在不同投資人手中，而非一次接受大筆的資金。」

從中，鄭涵睿學習到，以理念、使命為驅動的企業，必須慎選投資人，而且分散股權，這樣當公司擴張時，才能降低理念與獲利產生衝突的風險。

這次拜訪得到的答案，也與MIT募資課教授的說法不謀而合，「當時教授告訴我，想要確保公司使命不被改變，最有利的做法之一，就是找到兩個以上的投資人。」

這些珍貴的建議，都成為二〇一五年綠藤選擇投資人的重要原則。目前綠藤有三位投資人，他們都是綠藤的重要夥伴，而非以短期內獲利出場為目標的財務投資人，而且

2013年，鄭涵睿拜訪淨七代共同創辦人霍倫德，向他請教如何在企業成長的同時，確保公司仍能保有初衷。

他們充分尊重綠藤的理念，並帶給綠藤許多珍貴的觀點與資源。

要確保企業在成長過程中不會反過來被成長所綁架，最終與原本的理念產生衝突，除了謹慎面對外來資金的影響，企業內部的變化是不是也藏著風險？

「我一直覺得，如果綠藤愈長愈大，自己可能會被這間公司淘汰，」身為綠藤創辦人、母親又是公司產品技術的靈魂人物，綠藤雖然還只是一間營業額很小的公司，但是鄭涵睿卻有這個憂慮。

從客觀因素來看，隨著公司的擴大與成長，很多創辦人並沒有發展出相對應的企業管理能力。像微軟的蓋茲、臉書的祖柏克，這樣的領導者堪稱鳳毛麟角，更常見的是，創辦人跟不上企業成長的步伐，而逐漸被淘汰出局。

而回到鄭涵睿的性格特質，似乎也能看見個人理念與企業成長的衝突。

「我覺得自己的很多決定，好像會傷害公司，」鄭涵睿坦誠，綠藤的許多決策，若是單純以財務角度來看，非常不合理，例如零售業瘋狂推動雙十一購物節，綠藤卻選擇這一天不開店，員工一起去淨灘。他雙手一攤，「我們就是會做出這種有點反市場決策的人，雖然知道只要一開店，業績一定會很好，但是我們不想鼓勵衝動消費。」

在永續與成長之間，似乎有個永遠說不清的微妙平衡。或許說，這把尺，把握在鄭涵睿、廖怡雯及許偉哲三位創辦人心中，但是若有一天，他們都離開了綠藤，這間公司如何保有源頭的初衷？

在MIT的課堂上，鄭涵睿找到了尋找已久的答案——成為B型企業。

終極解方，成為B型企業

美國非營利組織「B型實驗室（B Lab）」提供第三方客觀的企業認證「B型企業認證」（Certified B Corporations），並致力推動「重新定義企業成功」的全球運動，希望利用商業力量解決社會與環境的問題，追求人類共好的未來。

當時，包括戶外服飾品牌巴塔哥尼亞、天然居家清潔用品品牌美則（Method）、天然環保清潔產品公司淨七代等世界級知名企業，都通過了B型企業認證。

其中，巴塔哥尼亞更是鄭涵睿最為景仰的典範企業。這家公司由一群戶外運動者與環保人士組成，它限制自己的成長速度，信任員工自主運用時間，上班去衝浪也沒關係，它也引領時尚運動品牌耐吉（Nike）與跨國服飾公司Gap等企業擁抱有機棉。

B型企業的精神，便是希望透過商業的力量，建立一個更包容、更永續的經濟環境。想要成為B型企業，必須通過社會及環境面向、透明度、可信度等不同面向的高標準評估，而且每二至三年必須重新認證一次。

通過認證之後，B型實驗室會公開企業在公司治理、員工、社區、環境、客戶影響力五大面向的分數。鄭涵睿興奮的解釋：「等於是你的使命、願景，一開始就鎖在公司的治理制度裡面，而且可以被公開檢視。」

另一方面，他認為，只要綠藤的產品、網站或銷售文宣上有B型企業認證的標誌，就代表綠藤持續走在正確的軌道上，努力成為一家「對世界好的企業」。

於是在二〇一四年，綠藤申請成為B型企業，並在二〇一五年通過認證，成為台灣第三家通過認證的企業。

對鄭涵睿而言，B型企業制度，與其說是一種讓大眾對該企業更有信心的保證，不如說是讓更多公司更願意自發性的求進步，並藉由三年就需要重新認證的制度，了解自己的公司處在世界哪個位置，以及你怎麼對待這個世界。

「即使有一天，我們三個創辦人都離開綠藤了，只要綠藤還是B型企業，這家公司就可能保有原始的願景使命，」鄭涵睿語重心長。

練習

面對氣候變遷的議題，你如何改變心智模式？

向MIT的永續策略課學習，用一分鐘思考：「你覺得這世界有可能永續嗎？」

你的心中可能會有三個答案。

思考一：這個議題太巨大了，我怎麼做都沒有用。

思考二：別想太多，事情會解決的！

思考三：面對事實，正向行動。我們必須承認環境正面臨巨大的威脅，但無論是個人或企業，都可以做到能力所及的事，為世界帶來一點正向的改變。我們相信時間有限，也只有動作可以帶來改變，而不是單純憂心或宣揚恐懼。

將思維調整成第三種心智模式，更有機會客觀看待事實，但不至於被沉重的情緒壓得喘不過去來，並一起開始成為改變的力量。

延伸閱讀

「面對事實，正向行動」的心智模式，如何影響綠藤的永續理念？

第三部

因為堅持而得以實現

逆風而上的毅力

卓越是沒有捷徑的。培養真正的專業，解決真正困難的問題，都需要時間，而且需要的時間比多數人以為的久。

——《恆毅力》作者達克沃斯（Angela Lee Duckworth）

電影《阿甘正傳》有一句名言：「人生就像一盒巧克力，你永遠不知道下一顆是什麼味道。」這句話，不只適用於人生，用來描述綠藤的創業過程，也意外貼切。

二〇一五年，在業界嶄露頭角的綠藤，獲得外部投資人的資金挹注。鄭涵睿、廖怡雯及許偉哲備受激勵，運用這筆資金，大舉擴建芽菜廠房、更新設備，同時大幅招兵買馬。

正當他們乘勝追擊，滿心期待芽菜事業快速成長時，卻被上天潑了一盆冷水——芽菜良率掉到谷底。

沒想到，看似是千載難逢的契機，其實埋藏著成長的陷阱。因為新的設備改變了原本的種植環境，許偉哲花了幾年才建立的芽菜生長參數，全數被打亂。

自二〇一五年下半年至二〇一六年初，原本高達九〇%的芽菜良率瞬間掉到谷底，其中跌幅最大的紫高麗苗，和二〇一四年同期相比，良率下滑了近九二%，九種芽菜中，僅有綠豆芽及苜蓿芽能夠維持原本的出貨品質。

雖然出現意想不到的狀況，但是團隊沒有絲毫逃避。

許偉哲又開始住在農場，清晨五點起床，立刻投入一天的工作，他嘗試調整、實驗不同參數，直到入睡前那一刻，腦海中無時無刻不想著如何挽救芽菜，「我們每天都在努力實驗，也到處請教專家，甚至到越南參訪。」

儘管做了這麼多，但問題並沒有立刻獲得解決。「就像著了魔一樣，所有的實驗結果都互相矛盾，」許偉哲回憶起當時的慘況，仍心有餘悸。在黎明前最深沉的黑暗，綠藤團隊如何保有信念，正面迎擊挑戰？

在努力挽救芽菜的命運之餘，大家不禁把眼光放到孕育中的清潔保養品。

以活芽菜起家的綠藤，早期一直被外界視為農業新創品牌，但是在綠藤的夢想藍圖中，芽菜只是第一階段的產品，鄭涵睿、廖怡雯及許偉哲很清楚，想要真正擴大影響力，創造更多永續的選擇，只有芽菜還不夠，他們必須仰賴綠藤的第二成長曲線——清潔保養品。

「很多人會覺得，綠藤明明是種芽菜的，突然去開發清潔保養品，好像很跳Tone，但對我們來說，其實一點都不矛盾，」廖怡雯回想，早在決定創辦綠藤之前，他們心中就有這樣的念頭，「如果說，用在衣服、碗盤的清潔劑都必須重新定義『安全』，那麼直接用在人體肌膚上的清潔保養用品，不是更應該重新研發嗎？」

綠藤之所以選擇切入保養市場，因為這是可以影響到更多消費者生活的方式，「而且這是一個過度消費、充滿許多似是而非資訊的行業，但也蘊含著機會，」鄭涵睿補充。

因此，林碧霞與廖怡雯回到「清潔」與「保養」的本質思考——什麼是臉部、身體肌膚及頭髮的真實需求？什麼是必要的成分？是否可以從大自然中找到可替代的天然成分，而且讓產品一樣好用？

在餐桌上，林碧霞與鄭涵睿、廖怡雯及許偉哲展開了無數次的對話，經過一次次的實驗與摸索，綠藤在二〇一三年首度推出生活系列產品——頭皮淨化洗髮精、強韌亮澤洗髮精、活萃洗面乳、活萃修護精華露，二〇一四年更進一步研發出活萃卸妝乳、活萃化妝水、活萃沐浴露、寶貝Touching沐浴露，完整了清潔與保養的基礎產品線。

很多人不知道，創業之前綠藤就已經打定主意，開發安全的清潔保養用品，因為這樣才能影響到更多人。

即使如此，到了二〇一五年，綠藤的主要營收來源，還是芽菜，生活系列的產品仍處於市場推廣階段。

沒想到計畫趕不上變化，原本占了營收近六成的芽菜，卻陷入存亡之秋。「現在只有一條路可以走，我們要想辦法把生活系列的電商營收衝高，否則公司會撐不下去！」鄭涵睿當機立斷。

一個月只有8萬元營業額的電商成績

其實，二〇一二年，綠藤就開始透過「LiteEC購物車功能」嘗試發展電商，效果差強人意，到了二〇一五年的此刻，必須全力投入電商，綠藤更面臨許多意想不到的挑戰。

「當時電商團隊有四個人，但是你知道一個月的營業額是多少嗎？只有八萬元！」發現事態緊急的鄭涵睿決定親自跳下來，開始實踐他在MIT學習到的「集客式行銷」（Inbound Marketing）。

集客式行銷是由MIT資深講師、美國東岸最大軟體公司HubSpot執行長暨共同創辦人哈利根（Brian Halligan），所發表並命名的行銷新概念。不同於過往的電商與品牌企業大多利用電視、網路或路旁廣告來吸引消費者，集客式行銷強調以SEO（搜尋引擎優化）原則、部落格內容、社群媒體經營等方式，來吸引目標消費者。

其實，從二〇一〇年八月開始，綠藤就在部落格累積文章，從餐盤上的花為什麼不要碰，到梨子如何保存，都是他們寫作的題材。鄭涵睿解釋綠藤寫作部落格文章的用意：「我們希望與消費者分享產品背後的理念，以及正確的知識。因為當消費者知道得愈多，就愈能帶來改變的行動。」

當時在鄭涵睿的想像中，好的內容自然能被消費者搜尋、連結，進而帶動購買意願。然而，當時的文章主題比較分散，沒有明確的主軸，有時候一忙起來，就難以兼顧內容的產出。

二〇一四年鄭涵睿回國之後，重新整頓行銷，而第一步，就從規律的更新部落格開始。在團隊的努力下，網站流量及文章點閱率節節高升。但是令鄭涵睿備感挫折的是，官網的營收卻沒有隨之成長。

「明明文章很受歡迎，流量也很好，為什麼沒有帶來預期的購買轉換？」這個問題一直折磨著鄭涵睿與團隊。當芽菜種植陷入不知何時才會結束的亂流期，綠藤在電商的進展，也遲遲找不到突破點。

「Harris，有時間碰個面！」某天深夜，鄭涵睿突然收到意想不到的臉書訊息。傳訊息的人，是Awoo創辦人林思吾。

Awoo是領導台灣SEO與Email領域的行銷科技公司，而它的創辦人居然主動表示，自己深受綠藤精神感動，為了幫助他們邁向更快的成長，願意無償擔任綠藤SEO的顧問！

年營收破億，很難嗎？

面對突如其來的好消息，鄭涵睿驚訝又摸不著頭緒。他們在一次研討會中結識，因為雙方都有共同的信念，希望幫助台灣社會更開放與公平，也都以邁向國際為目標，林思吾給了綠藤的官方網站非常多建議，之後雙方也有些合作，但是一直稱不上熟稔。

「後來我才知道，他當時應該是喝醉了，」鄭涵睿笑著說。但是，林思吾的確受到綠藤的理念與堅持所感動，「我認為綠藤做得很不錯，但是還不夠大。只有企業愈成功，才能具有足夠的影響力，向社會傳達你的理念。」

抱持著這樣的想法，林思吾真的在二〇一五年五月安排了第一次顧問會議。小小的會議室裡，林思吾看了綠藤的流量與營收數字，忍不住笑了出來，接著問了鄭涵睿一句：「電商營收一億元，很難嗎？」

一億元的營收，對當時每月僅有八萬元營收的綠藤而言，真的不容易，但是林思吾卻很有信心。之後，林思吾每一、二週便會來到綠藤，傳授他的經驗與心法。

原本綠藤的策略，主要是透過臉書及網站自然觸及每一位潛在消費者，就像是等待伯樂主動發現他們的存在。

「我覺得這樣的做法過於保守，綠藤應該大膽一點、主動一點！」林思吾帶給綠藤的第一課，不是數位工具的操作技術，而是分享讓企業走向規模化經營的「心態」，也就是「商業思維」。

「很多以理念驅動的企業規模都不大，他們的重點，在於感受做這件事的美好。對我而言，他們的社運氣息比商業氣息濃厚，」但是林思吾觀察到，鄭涵睿及綠藤團隊有兩個特質，一個是創業家精神（Entrepreneurship），另一個特質，則是願意持續學習、接納新觀點（Coachability），「所以我才會幫他們！」林思吾笑著說。

從林思吾的觀點來看，綠藤原本的集客式行銷已經做得不錯，但是接觸到的潛在消費者不夠多，所以很容易碰到瓶頸，「既然綠藤的產品這麼好，為什麼不大方一點，讓更多人知道？」

林思吾建議，除了部落格文章之外，也應該把握當時Facebook廣告成本還很低的機會，大力投入廣告，讓消費者透過不同的管道，接觸綠藤。

不再只說綠藤想傳達的

在林思吾的經驗傳承中，鄭涵睿彷彿打通了一個遺失的重要環節，「過去我們的確累積了許多扎實的好內容，但是消費者讀完文章之後，並沒有連結到購買的行為。」

原來，過去的綠藤缺乏一個「放大」的機制，也就是透過廣告的投放，才能把這些內容傳播出去，被更多人看見。

自此，鄭涵睿對於電商與廣告有了全新的觀點。原本在綠藤的信仰之中，好的內容本身就具有極大的力量，可以傳遞正確的觀念、教育市場。但是在資訊爆炸的時代，消費者接收訊息的管道非常多元，綠藤的觀點很容易被淹沒在茫茫大海之中。

因此，綠藤團隊必須將對內容的用心，延伸到思考如何主動讓更多消費者看見我？

除了主動投放廣告之外，綠藤也回頭調整了內容策略，從消費者最常搜尋的關鍵字

如果說創業像闖關，綠藤每次遇到關卡時，總有貴人大力馳援。開發實體通路如此，拓展電商業績亦如是。

著手，不再只說綠藤想要傳達的內容，也去研究消費者想聽的是什麼，再將兩者結合。

從二〇一五年開始，綠藤官網的自然搜尋使用者、連續三年成長超過一〇〇%；相較於二〇一四年，自然流量累積成長超過二十倍。

更令綠藤團隊振奮的是，從二〇一五年到二〇一六年，電商轉換率在一年內成長近三〇%，電商營收翻倍成長，成果相當驚人。

「雖然我們並不是在Facebook最具廣告紅利的時候加入電商，但是在Awoo的建議下，我們還是因此受惠，讓綠藤有機會被更多人看到，」因此，每當鄭涵睿向外界分享電商策略時，總是將「沒有Awoo，就沒有現在的綠藤」掛在嘴邊。

鄭涵睿真誠感謝每一位幫助過綠藤的貴人，但是真正讓綠藤走出逆境的關鍵，最終仍要回到團隊不畏挑戰的堅持與努力；這一次，綠藤又打了漂亮的一仗。

練習

有效的接受回饋，成為更好的自己

有效的接受他人的回饋，可以幫助自己改正錯誤，持續成長。在接受回饋時，不妨試著執行以下四個原則：

1. 別急著反駁：「我沒有這樣說」、「這不是我的意思」、「你不了解我」，這些句子都是直接否認對方的所見所聞，如果對話就止中止，我們反而失去了一個進步的好機會。
2. 從謝謝開始：雙方觀點不同是很正常的，別忘了從「謝謝」開始展開對話。
3. 詢問具體細節：如果對方給你一個過於簡化的回饋，試著釐清對方的想法。
4. 總結回饋：列出跟進事項，採取行動。

延伸閱讀

一起來看看綠藤內部教育訓練，關於回饋的簡報

唯有熱情，能帶你到遠方

我們因此對使命感下了一個更寬廣的全新定義：你做的事，對你來說深具意義，對他人（個人或群體）或社會也有貢獻，而且不會傷害到任何人。

——《高績效心智》作者韓森（Morten T. Hansen）

二〇一六年，一場別開生面的「就職典禮」，正在綠藤辦公室舉行。

當時的公關經理賴郁淇臨危受命，接下了綠藤第一間實體門市及品牌概念店「發芽吧」店長的重任。上任前夕，賴郁淇幫自己安排了一場小型就職典禮，只見她身披自製紅布條，充滿朝氣的向空氣中揮舞拳頭，連聲喊著：「發芽吧不能亡！」

在她開朗的笑聲之下，你絕對想不到，當時的綠藤，正面臨一開店就嚴重虧損的困境。在谷底中幽默以對，並用笑容鼓勵身邊的夥伴，這是綠藤成員的特質，也讓他們能夠持續燃燒熱情，最終走出困境。

時間回到二〇一五年，正當鄭涵睿忙著帶領團隊實踐綠藤的理想時，突然接到敦南誠品的招商信。原本沒有計劃轉往百貨通路發展的綠藤，卻因為這封信，轉了一八〇度的彎，展開一場奇妙的冒險。

其實，在二〇一三年秋天，綠藤正式推出個人清潔保養系列時，已經慢慢計畫要打造一塊實體空間，增加與消費者面對面的互動，深度傳遞綠藤的理念。但是直到這封信到來，資源都尚未俱足。

未知，代表無限可能

「以綠藤當時的規模、資源，是沒有能力開設實體門市的，」鄭涵睿心中有些掙扎。那時的綠藤，辦公室只有三張長桌、不到十位同事，剛被認證為B型企業。雖然擁有不太一樣的理想，卻沒有太多人知道他們是誰。

「但，那是敦南誠品耶！我在台北最喜歡的五個地方之一，」對於鄭涵睿而言，深夜坐在敦南誠品的階梯角落閱讀，與朋友不期而遇，是他們這一代人的青春回憶。

除了心靈的意義之外，敦南誠品也是認識台灣新品牌的重要平台，進入誠品，意味著綠藤的生活系列產品被更多人看見，因此鄭涵睿更堅定接受挑戰：「我們之前已經告訴過自己，盡量不要跟任何一個機會說不。」

對廖怡雯來說，綠藤走向實體，還有一個很重要的原因，「無論說得再多，以視覺與空間去具象化我們想傳遞的生活型態，這樣發揮出來的影響力會更深入踏實，與人的連結也更緊密恆遠。」

最終讓綠藤放手一搏的，是資深零售經理鄭毅的一句話：「我過去開過二十多家店，沒問題的！」

最瘋狂的是，因為恰好找到適合的場地，團隊在籌備敦南誠品門市的同時，也開始規劃第一間品牌概念店，希望結合芽菜與生活系列產品，讓消費者在舒適自在的氛圍中，喝杯芽菜精力湯，或試試感興趣的保養品，在這些互動之中，逐漸了解綠藤的理念。

每一個小細節，都大有學問

一個完全沒有實體通路規劃經驗的團隊，居然要挑戰一次開設兩間新店？對綠藤來說，實體通路猶如一座實驗基地，雖然不知道這個嘗試會不會成功，但是，當一切充滿未知，就代表它同時擁有無限的可能。只要有「可能」，就值得他們捲起袖子去探索。

懷抱著有些熱血、有些天真的心態，果不其然，敦南門市一開始籌備就碰到許多意想不到的挑戰。

首先是門市的設計。

誠品提供的櫃位，原本賣的是鍋具，旁邊則是揉雜了各種食物香氣與嘈雜人聲的美食區，如何將這個原本不太亮眼、走路不到七步寬的三坪空間，打造成消費者一踏入就感到不一樣、具體呈現綠藤理念的空間？

當時談到綠藤，許多人最先浮現的印象，便是放在冰箱還能繼續生長的活芽菜。因此，團隊也希望讓這個「好生活基地」充滿「活著」的意象。

環境卻無法配合這個美好想法。因為，當時櫃位上沒有排水管線。

那麼，在空間中擺放幾株綠色植栽，不就解決了？

對綠藤而言，這樣的做法只是讓植物淪為空間的裝飾配角。他們希望呈現更具生命力、真實活著的植物。

現實無法限制綠藤的熱情，反而刺激他們超越限制。經過多方諮詢及研究之後，他們決定採用日本的專利設備，以台灣少見的無土栽培技術，搭建一面「植生牆」。由於它沒有土壤，也不會堵塞水管，是可生物分解的ＰＵ材質，所以在綠化空間的同時，也能達到對環境友善的堅持。

雖然僅僅這面獨特的植生牆，就花去了設櫃預算的四成，但是對於綠藤而言，只要能夠傳遞品牌的精神，即便是再困難，也要想辦法達成。

我們是不是在做超過自己能力的事？

正因為這些設計完全不同於過去人們對於「專櫃門市」的既定印象，在執行設計圖的過程中，施工團隊面臨了許多挑戰，時常回頭修改設計，甚至打掉重建。

舉例來說，為了讓每一個走入門市的消費者，都能在短短的互動過程中就感受到綠藤的理念，即使當時櫃位沒有排水管線路，他們仍打造了一座長約九十公分的洗手台，每次使用完的廢水，必須一桶桶提去倒掉。

如此大費周章，是因為綠藤認為，這個被大多數人忽略的元素，其實是消費者體驗產品的過程裡，最具感染力的環節。

當消費者打開瓶罐，在第一時間聞到真實香氣、體會在手上搓出的細緻泡沫，肌膚還能夠在清水沖洗之後立刻感受到細心呵護的美好，這些具體而真實的體驗，遠遠比銷售技巧或是空間設計更觸動人心。

營運一間實體門市，的確遠比綠藤想得更複雜。除了硬體的設計必須克服，管理與人事也波折不斷。

「一開始，我們覺得要找到認同綠藤理念的門市夥伴，應該不難，」鄭涵睿萬萬沒想到培訓同仁的銷售能力、如何排班，乃至於建立管理制度，每一個環節都大有學問。

鄭涵睿舉例，綠藤要求門市人員熟悉每一支產品，進而找到和消費者的交集點。這對鄭涵睿與廖怡雯並不困難，因為他們在過去每天的網路與電話客服之中，早已累積了許多與消費者互動的經驗，但是想將這些Know-how複製到門市人員身上，卻不容易。

「網路上的互動模式，不見得適用於面對面的溝通，加上當時我們還沒有建立培訓制度，一切都還在摸索，」鄭毅補充，綠藤可以在網站上以幾千字詳細的說明產品理念，但是在實體門市中，消費者可能只給你幾分鐘，如何簡單清楚的讓消費者理解產品的理念，是更大的挑戰。

為了加快步伐，綠藤找來業界經驗豐富的人擔任店長，沒想到彼此從理念、做事風格，到如何營運一間門市的想像，完全不同。即使經過多次溝通，仍無法成功磨合。

最後，鄭涵睿只好再從團隊中尋找適合的新店長，前前後後指派了三位精銳同仁，但是解決問題的速度，仍遠遠跟不上問題產生的速度。

在這過程中，鄭涵睿身上還扛著公司營運的壓力，同時間，母親的身體也出了狀況。某天深夜，忙得分身乏術的鄭涵睿剛從母親的病房離開，心中正為了母親不樂觀的病情而煩惱沮喪，這時，手機卻嘟嘟響起。門市店長來電，從公司的規章制度一直反應到門市籌備的諸多波折。

黑暗中，摩托車兀自往前奔馳，陣陣冷風襲來，一瞬間，鄭涵睿心中湧現了強烈的無力感：「我們是不是在做一件超過自己能力的事？」但是在一夜的沮喪之後，新的一天來臨，鄭涵睿又打起精神來，面對問題、一一解決。

從看似不重要的小事出發

你曾經造訪綠藤的門市嗎？

許多人印象深刻的是，一踏入這個空間，就看到門市服務人員帶著溫暖笑容，送上一杯辣木茶及熱毛巾，令人立刻放鬆下來，有種回到家的舒適安心。

不強迫推銷，而是仔細聆聽消費者的需求，邀請客人親自體驗產品的質地、味道及感受，甚至還會阻止消費者購買「你可能不需要」的產品，將送上門的業績往外推。這些做法，顛覆了人們對一般「專櫃門市人員」既定想像，獲得了消費者的忠誠擁護。

看著現在的綠藤，很難想像他們開設門市之初，面臨的混亂情況。「其中的轉折，就是我們的貴人Freddy加入，」鄭涵睿口中的Freddy，正是綠藤業務總監蘇勇嘉。

蘇勇嘉曾擔任加拿大香氛保養品牌的品牌經理，在百貨零售業擁有近二十年的資歷，對於人事管理、門市營運都有豐富的經驗。更難能可貴的是，蘇勇嘉並沒有將過往的業界做法，直接複製到綠藤門市。他結合自己的經驗與綠藤的理念，創建出一套極具差異化的「四度空間」制度。

「四度空間，也就是溫度、深度、制度及能見度，」蘇勇嘉一一解釋。「溫度」，是實體零售與電商最大的差異。蘇勇嘉的原則很簡單，「我會回想，當我是客人的時候，我希望怎麼被對待，我願意跟什麼樣的品牌建立長久的關係？」

蘇勇嘉的想法，與綠藤長久以來的「如果我是芽菜，我希望怎麼被對待？」不謀而合，在這樣的理念之下，蘇勇嘉嘗試將人與人之間的情感交流注入商業關係之中，「我們不只是顧客與品牌的關係，我們也是一起在這裡生活的人。」

綠藤門市處處充滿巧思，2020年6月開幕的信義誠品門市，以書為靈感，邀請消費者為肌膚閱讀。

從這樣的角度出發，每當有消費者來到門市，發芽大使一定會送上用陶瓷杯盛裝的辣木茶，「我們不用一次性的杯子，因為沒有人會在家使用紙杯喝茶。」就連一杯簡單的茶水，也蘊含著深刻的關心與體貼。

「你知道，以前每間門市的泡茶方式都不太一樣嗎？」蘇勇嘉進一步分享，有位曾經在飯店工作過的夥伴在不同的門市之間實習時，發現每個專櫃泡出來的茶，味道都不同，於是他建議改善。

泡茶，看似是不重要的瑣碎小事，放在別的職場環境，這位夥伴可能還會被認為是「沒事找事」，但是蘇勇嘉卻非常開心，邀請這位夥伴研擬泡茶的標準方法，讓每位消費者喝到最穩定的滋味。

深度，指的則是發芽大使的專業深度。因為相較於一般保養清潔品牌動輒上百項產品，而且每季推出新品，綠藤的產品不到三十種，這也意味著發芽大使必須對每一樣產品的理念、成分、效果瞭若指掌，提供消費者最專業的建議。

為了達到這個目標，綠藤發芽大使的教育訓練從一開始的兩個半天，延長為十四天，甚至到目前的二十一天。從清潔的本質、肌膚的構造、純淨保養的基本原則談起，因為唯有理解身體的真實需求，才能掌握綠藤的研發理念及產品功效。

不過，面對業績壓力時，溫度與深度能維持多久？

理念先行的銷售策略

在蘇勇嘉的規劃中，制度便是守護溫度與深度的後盾。每一位願意加入的夥伴，都是因為認同綠藤的理念，所以理念絕對是最重要的前提，蘇勇嘉坦言，「但是理念與銷售能不能兼顧，是許多新進夥伴會碰到的難題。」

為了避免這樣的矛盾出現，蘇勇嘉設計出業界少見的「較高保障底薪＋團隊業績獎金」的制度，它的特色在於沒有設定「先達到業績目標，才能領到底薪」的限制條件，讓發芽大使可以不用擔心生活溫飽，專心為消費者提供更好的體驗；而中性的團體業績獎金制度，也杜絕了發芽大使彼此之間惡性競爭的風險。

除了制度的支持之外，調整心態，積極介紹產品，也是蘇勇嘉花了許多心力與發芽大使溝通的議題。

剛加入綠藤團隊時，蘇勇嘉曾經看到客人前來詢問、試用奇蹟辣木油，當時的發芽大使禮貌的介紹了產品，客人也順利埋單離開。

看似一次完美的銷售，還有什麼問題？

「當時我好奇的詢問夥伴，為什麼不介紹洗髮精及洗面乳給客人，因為我自己就超喜歡用！」蘇勇嘉沒想到夥伴卻有些遲疑的回答：「客人並沒有詢問這些產品，這樣不就是強迫推銷嗎？」

當下，蘇勇嘉懂了。「銷售」在這些年輕人心中，貼著負面標籤，似乎讓客人買了沒有主動詢問的產品，就是在鼓吹過度消費。

「為什麼我們的銷售人員，要叫作發芽大使？因為大使是推廣並分享理念的角色，」蘇勇嘉認為，在銷售過程中，最高準則是消費者的「真實需求」。

無論向顧客介紹他們主動詢問或未詢問的產品，只要每一位發芽大使都發自內心和顧客分享最適合的產品，不強迫推銷，並將最終決定權交回客人手中，這樣的起心動念，便是理念先行的銷售體驗。

「我們相信綠藤的產品對人體、環境更加友善，若是能取代客人家中相對沒那麼永續的產品，讓大家透過消費的選擇去影響環境，這樣的行動，不是更具意義嗎？」蘇勇嘉提出另一個思考的觀點。

自二〇一五年開設第一家門市至今，綠藤的門市已拓展至十間，其實這樣的速度不算快，卻是蘇勇嘉有意控制的結果。

過去幾年間，綠藤推遲了不少商場的邀請，甚至包含高雄漢城巨蛋、京站、新竹巨城等專櫃，都是經過一年以上的籌劃才終於定案。

刻意控制展店速度

二〇一五年剛進入綠藤時，蘇勇嘉透過多年累積的人脈，拜訪了許多百貨商場主管，洽談設櫃的合作。「因為過去的信任，他們相信我推薦的一定是好品牌，但是仍然有實際的營業考量，」蘇勇嘉很清楚，當時綠藤只有十六種產品，而且單價不高，以業界的經驗法則來看，不免多少會有所遲疑，「大家都問我，一年可以做到多少營業額？」

當時蘇勇嘉很有信心的提出一個充滿企圖心的目標，很少人相信這個目標能達成，不過，也願意提供一個兩、三坪的小櫃位。對於這樣的機會，蘇勇嘉統統婉拒，「綠藤要的不只是一個位置，而是一個讓我們說故事、傳遞理念與體驗的舞台。」

憑藉著這些看似微小卻重要的堅持，綠藤的能見度打開了。

二〇一七年，綠藤來到中台灣，進駐台中勤美誠品門市，「因為店裝形象與業績表現

綠藤的每一間門市，都承載著品牌特有的理念與永續精神
（由上而下依序為京站、漢神巨蛋）。

都在水準之上，全台許多商場都陸續向我們提出邀約，」蘇勇嘉分析，以綠藤的平實定價及有限的產品數，卻可以做到和其他保養品牌相提並論的營收，對於百貨商場而言，這意味著綠藤的顧客忠誠度高，可以帶來許多人流。

「但是我們在店面的選擇上，有很多堅持，」蘇勇嘉指出，消費者的體驗，一直是綠藤最重視的價值，因此每次拓展新櫃點時，都需要考量客人能否有相對舒適的體驗環境，以及能夠展示櫃位理念與設計的坪數。

而在門市的設計上，綠藤團隊也堅持「客製化」的原則，讓每一間門市都有自己獨特的面貌與設計理念。

這個的想法，其實延續了綠藤一貫的理念。正如同每一株芽菜，都是獨一無二的個體，綠藤也將門市當成與消費者互動、獨一無二的舞台，門市的每一個設計，就像是一個故事情節，希望以感性的畫面，觸動消費者，引發更深層的共鳴。

舉例而言，接續敦南誠品、二〇二〇年六月開幕的信義誠品門市，便從俄國文學家馬克西姆·高爾基的句子「你知道的愈多，你就愈有力量」找到設計靈感，將現有產品鑲嵌於書頁，打造二十二本可供閱讀與體驗的立體故事書，每本書記錄一種產品的功效特色及配方架構，邀請每位踏入門市的消費者一起為肌膚而閱讀。

而在南西誠品中，一整面看似蜂窩或是鬆餅格子的六角形牆壁，讓許多逛街的人感到好奇。這形狀其實是模擬人體的表皮肌膚紋理，同時還採用了彈性機能布質，看起來就像肌膚隨時都在進行「呼吸」。這些巧思與設計，都是希望讓消費者「閱讀肌膚」，進而認識肌膚的真實需求。

因為對理想的熱情，綠藤透過一環扣一環的細膩規劃，讓門市成為傳遞理念的重要動能。

練習

體驗綠藤門市的四度空間

掃描此頁的QR Code，造訪任何一家綠藤的門市，感受發芽大使與你的互動方式，與你原本想像的有什麼不同？

別哭，博士雖離開我們還在路上

人能擁有自己的專業是一件美事，若能將專業運用在他人的生命體，更是一件有意義的事。

——林碧霞博士

二〇一五年十月一日，凌晨一點。敦南誠品的商店街褪去白日的繁華，顯得特別空寂。角落裡，卻有一群人頂著明亮的燈光忙碌不已。

再過幾個小時，綠藤第一家門市就要開幕。工作同仁穿梭著趕工，裝管線、砌牆、放植物……鄭涵睿親手將一塊木頭鑲在櫃位牆上，木頭上刻著「In Memory of Dr. Pi-Hsia Lin」。

短短幾個字，承載了鄭涵睿及綠藤團隊對林碧霞的思念。一個月前，和癌症奮鬥四年的林碧霞，離開了這個世界。

乍然失去精神領袖，鄭涵睿、廖怡雯、許偉哲及綠藤團隊非常悲傷，卻沒有停下腳步，透過敦南門市的開櫃，讓林碧霞的理念與精神伴隨他們傳承下去。

從綠藤決定創業的第一天，林碧霞便一路陪伴三位年輕人，從芽菜農場的選址到傳授種植技術；從對保養的理念與產品研發哲學，知無不言。除了無條件支持之外，影響鄭涵睿、廖怡雯及許偉哲更深的，則是林碧霞博士那份不斷追求「對環境更好」與「對人更好」的執著。

從發動共同購買、減硝酸鹽運動、非基改豆腐、推行廚餘回收政策，到創立理念先決的環保清潔品牌，作為理念運動先驅的林碧霞，總是堅持做對的事，即使遭受外界誤解也不在意。

她常將這句話掛在嘴邊：「我這一生沒什麼偉大的成就，不過都能順著自己的良心做事，這點我很感激。」不管外界怎麼想、怎麼做，每一個決定都回到人與環境的真實需求，所以綠藤有了全世界獨一無二的芽菜，以及不一樣的保養哲學。

一直到現在，廖怡雯還清楚記得林碧霞第一次拒絕她的情景。

二〇一二年，決定研發生活系列產品時，廖怡雯曾做過一份調查，詢問消費者最不可或缺的保養品項是什麼。最多人回答的選擇便是，乳液。

當廖怡雯興沖沖的向林碧霞提出這個結論時，一向慈祥溫和、從未拒絕團隊要求的林碧霞，卻皺著眉頭，斬釘截鐵的說：「我不要！」然後以不認同的態度反問：「為什麼你們想要做乳液？」

不用乳液，要用什麼保養？

廖怡雯有些錯愕，更多的是不知所措，「如果不用乳液，要用什麼保養？」面對她的提問，林碧霞雙眼發光的說：「用油呀！」

以現在的眼光看來，油保養已是全球普及的風潮，但是在二〇一二年的時空之下，卻少有人能想像，稠膩黏滑的油擦在肌膚上，真的可行嗎？

林碧霞在過去二十年的實驗室工作中，透過顯微鏡觀察各種化學物質對植物的影響。她很早就發現，即便是相對溫和的乳化劑，一接觸到植物，就會使得表面絨毛萎縮或蠟質層溶解，而植物表層又與人體的肌膚表層結構非常相似。

肌膚的真實需求，便是油與水，而乳化劑的作用，是混合不相容的油、水，讓乳液質地均勻穩定、不會油水分離。然而，乳化劑對人體肌膚，是必要的成分嗎？若能夠讓停留在肌膚表面的成分愈單純，不是更好嗎？乳液中的乳化劑大多是石化合成，若能夠減少使用，對環境不就更加友善了？

在林碧霞的指引之下，綠藤決定捨棄乳液，遵循肌膚原本的生理機制，提倡「先水後油」的無乳液保養程序。而回到真實需求，捨棄不必要成分，也自然成為綠藤產品研發的最高指導原則。

鄭涵睿回憶，每當博士研發新產品，她一定會執著於每個成分都要合理，非必要的成分不加、不環保的成分不加，許多標準其實比歐盟有機認證更嚴格，有時甚至導致每一批產品外表不一致，或是不符合一般消費者的使用觸感，「但是博士總會雙手一攤說，這樣才Make Sense。如何跟消費者溝通，就是綠藤的工作了！」

無數的夜晚，綠藤同事們圍著小小餐桌，聆聽林碧霞對芽菜與保養品的解釋。第一盒活芽菜、第一瓶洗髮精、第一瓶精華油，都是她親自實驗，一手打造出來的心血結晶。

當總是穩穩把握著研發方向的舵手離開了，接手的廖怡雯，如何穩定團隊軍心，持續研發新產品？

「老實說，我也不知道，」廖怡雯坦率的說。早在二〇一五上半年，博士的健康日漸惡化，團隊也找到新研發人員，但是當時的想法，只是希望減輕林碧霞的身體負擔，在她的大原則指導下，需要動手、操作的實驗，都交由新同事來執行。

「雖然我們都知道博士的身體愈來愈不好，但是你不可能去想：博士什麼時候就會不在了、我們要趕快找接班人；包括博士自己，她也希望堅持下去。」從情感面而言，團隊所有人都不願去做最壞的準備。

二〇一五年，綠藤與台灣第一家以性別觀點為主軸的網路媒體社群「女人迷」，合作推出新品「Me Time」，也將基礎產品線的成分全面升級，但是大家心裡都知道，真正的挑戰是未來兩年。廖怡雯從未與團隊討論過，如果真的做不出新產品，綠藤該怎麼辦？

如今，廖怡雯回頭分析，當時的自己也許並不是那麼毫無頭緒，因為綠藤的策略，便是少品項；而且他們手中還有許多與林碧霞討論過程中留下的錄音檔，「我和研發團隊要思考的，就是將這些原則付諸實踐，做出產品。」

二〇一八年問市的「第三選擇防曬」，便是廖怡雯與研發團隊交出的漂亮成績單。

這個產品的研發理念，來自林碧霞的原則——想要達到防曬的目的，最好的選擇是盡量避免在紫外線最強的時段出門，或是盡量走在騎樓、樹蔭之下，並且快速通過，減少曝曬時間；第二個選擇，則是運用陽傘、帽子及口罩將身體遮蔽起來；第三個選擇，才是使用成分更為天然的物理防曬產品。

「傳承博士的理念，這是我們第一次獨立探索配方，將新產品付諸實踐，」從第三選擇防曬的成功上市、青花椰苗活萃成為國際認證INCI保養成分，到其後活萃修護精華露通過歐盟COSMOS有機認證以及輕乳液技術獲得專利，廖怡雯將這些經歷視為產品與研發團隊的里程碑，不僅重新凝聚內部信心，更延續了博士的精神。

用心栽培的芽菜，派上了用場

十年前，許偉哲抱著好玩與實驗心態在家中陽台試種芽菜，林碧霞知道了，曾經跟他說：「偉哲，我覺得你應該是最適合種芽菜的人。」

當時許偉哲沒有詢問原因，也從未想過，十年後，他真的成為芽菜專家，能夠自信的管理一座農場，面對一次次的生長亂流，最終總能提升良率，持續優化栽種流程。

二〇一五年，農場陷入困境之際，林碧霞的健康狀況已不太適合出遠門，再加上擔心打擾她養病，許偉哲大多時候都選擇自己想辦法，不要讓林碧霞太過煩心。但是只要一想到這位導師，原本有些灰心的許偉哲便會充滿幹勁，「我承諾博士，一定要解決芽菜的良率問題。」

在這段混亂的日子中，最令許偉哲感到欣慰的，便是林碧霞一直在吃綠藤的青花椰苗。每次聽到同事說：「博士的芽菜快吃完了，請偉哲有空再送過去。」他的心中便會感到非常歡喜。

「有時候我覺得，綠藤之所以種芽菜，來自於生命的巧妙安排，」許偉哲有些感慨的說，他們一開始種芽菜，是為了提供消費者更安心營養的食物，沒想到回過頭來，卻在他們最敬重的長輩需要時，提供了最安全的營養來源，這對許偉哲格外有意義。

綠藤二〇二〇年初的尾牙中，團隊分別送給鄭涵睿、廖怡雯及許偉哲一個特製燈箱，上面各有一句長輩送給他們的話。

許偉哲拿到的，是另一位綠藤導師鄭正勇的肯定：「捨我其誰，你是讓大家吃到最安心健康芽菜的人。」看著這句話，許偉哲眼眶有些溼潤。

二〇一六年，許偉哲帶領農場的夥伴們將芽菜的生產導回正軌，每當他順利採收一批從根、莖到葉子都長得非常漂亮的芽菜，或是到市集擺攤聽到消費者對芽菜的肯定時，他都覺得自己離博士的理念，又近了一步。

母親的最後一句話：「一起奮鬥」

在林碧霞生病到離去的這段期間，她試過當時所有已知的化療藥物，卻仍沒有太大成效，最後因為癌細胞轉移，手臂腫脹不堪，意識也逐漸模糊，不復清醒。

在一天下班後，鄭涵睿如常回家陪伴林碧霞，向她訴說近來綠藤的發展，「雖然她無法回應，但是我知道她都有聽到。」正當夜深人靜，鄭涵睿準備離開休息時，只見林碧霞用盡全身力氣，努力想要說話。她以清晰響亮的聲音，向他說出：「一起奮鬥！」

這句話，成為林碧霞留給鄭涵睿的最後一句話，也是他生命中最無法忘記的一句話。意志力堅強的林碧霞，在生命即將走入盡頭時，卻仍從未放棄奮鬥的意念，甚至還想要鼓舞鄭涵睿，不論創業路上有多艱辛，都要一起繼續奮戰下去。

這對鄭涵睿而言，是個很大的衝擊。

過去的鄭涵睿充滿好奇心，總是想要嘗試各種生命選擇，尤其在MIT那兩年，他看到許多機會向他招手，也曾經想過，如果綠藤發展到一個穩定的階段，或許他可以再去做其他有趣的事。

但是母親去世之後，鄭涵睿突然領悟：「我真正應該做的事情，就是讓綠藤成為博士在世界上最好的Legacy（遺產），」使命感更明確了，他的心態也隨之豁然開朗。

真正能夠讓林碧霞放心的，便是以綠藤為載體，實踐她的理念，研發更多對環境、

綠藤辦公室，永遠有林碧霞博士的位置。

對人更好的產品，為社會帶來更多正向的行動。

「綠藤最重要的產品理念——以人為本位、以環境為本位，人的安全與環境的安全作最重要的考量。」這是林碧霞留給三位創辦人及綠藤團隊最重要的一段話，如今印在公司入口的牆上，提醒每個人勿忘初衷。

每當回想起母親留給他的最後一句話，鄭涵睿心中便會湧現強烈的使命感，不希望讓母親失望，這樣的承諾，鄭涵睿和綠藤團隊用一天一天努力的工作，實踐著。

練習

知道得更多，你的選擇愈有力量

在選購保養品時，你會先閱讀產品成分表嗎？掃描此頁的QR Code，加入綠藤LINE官方帳號，點擊「成分小幫手」，陪你隨時隨地辨識那些在保養品、洗沐品中，常見但建議避開的成分。

堅持有意義的獲利成長

活在漸強之中！
——管理學大師柯維（Stephen R. Covey）

想像一下，如果五年前，在琳瑯滿目的保養品牌中，某天，突然有個品牌充滿自信的告訴你，不必使用乳液，肌膚保養只需要「水」與「油」。你的反應會是什麼？

「真的嗎？」

「怎麼可能？」

「我不喜歡油膩膩的感覺！」

這些疑惑與抗拒，是二〇一五年綠藤推出「奇蹟辣木油」時，消費者最直覺的回饋。

不過，時隔一年，奇蹟辣木油卻一躍成為綠藤二〇一六年知名度最高的明星商品，直到如今。許多消費者對綠藤的第一印象，便是這瓶辣木油。它跟一般的油產品不同，不僅質地清爽容易吸收，而且顛覆了油性肌膚不能使用油保養的既定觀念，讓許多人從此成為綠藤的粉絲顧客。

短短一年內，為什麼就產生這麼巨大的改變？

「用行動證明」是不夠的，還要「好好溝通」

乳液、乳霜，曾為這個時代的保養方式創下革命般的改變，然而，並不是綠藤保養品的選項。

林碧霞認為，保養必須回歸本質。只需要依循肌膚的生理機制，透過化妝水、精華露等水相保養成分深入補水，再以貼近肌膚構造的精華油構成鎖水的屏障，強化肌膚本身的保護機制。

但是，想要翻轉消費者既有的習慣，談何容易？不論綠藤說得再多，許多消費者仍卻步不前，不敢輕易使用油來保養。

綠藤團隊儘管有些灰心，卻持續堅持：「我們慢慢說、用行動去證明，應該會有愈來愈多消費者願意嘗試吧?」

沒想到,二〇一五年末一場教育訓練,徹底改變了他們的想法。

當時鄭涵睿邀請世紀奧美公關創辦人丁菱娟,為團隊講授「品牌公關」的議題。

「在外面演講這麼多次,這是我第一次看到台下有那麼多雙發亮的眼睛,」綠藤團隊求知若渴的精神,深深感動了丁菱娟。

講台下,綠藤同事們和鄭涵睿不斷記下令自己震撼的觀點:

「廣告是自己說你很棒,公關是讓別人來說你很棒」

「公關的更高境界,在於影響有影響力的人」

「針對不同利益關係人做好溝通,組織才能更貼近願景」

看著這些筆記,他們意識到,公關行銷不只是辦辦記者會、跟媒體打好關係而已,而是一個打造品牌影響力的強大工具。作為一個資源有限的品牌,要讓他們相信的理念被更多人看見,將產品做好、文章寫好還不夠,綠藤必須走出企業的內部視角,與理念相同的影響者合作,用大眾可以理解的語言溝通。

面對銷售成績遲遲沒有起色的辣木油,綠藤團隊重新帶入從丁菱娟身上學到的理念:既然大家對油保養有些半信半疑,不如邀請消費者一起來親身體驗吧?

一個資源有限的品牌，想要讓自己信仰的理念被更多人看到，光是做好產品、寫好文章，是不夠的。

二〇一六年十一月，綠藤擴大邀請消費者一起體驗「無乳液實驗」，活動一上線，短短十八個小時，綠藤準備的四千兩百份辣木油試用包便被索取一空。四個月內，吸引了上萬人加入實驗行列。

這是許多消費者第一次知道，原來不需要使用乳液，改用水及油，才是對肌膚更好、對環境更友善的保養方式。

幾個月後，綠藤發起了「無乳液實驗成果調查」，從熱烈的回應中，他們發現許多鼓舞人心的事。其中最讓綠藤感到驕傲的是，許多人透過這個實驗，改變行為，擁抱了更簡單的保養哲學。

在無乳液實驗前，六六．七％參與者每次保養要使用三至八瓶保養品，但開始無乳液實驗後，六〇．五％的人只使用一至兩瓶保養品。

對綠藤而言，這不只是一次成功的商業行銷案例，更是一場社會倡議。它證明了，產品可以承載更大的理念，當消費者接觸、使用、購買產品時，這個理念也同時產生影響，改變他們的生活方式。

關鍵是，你的行銷策略必須精準而到位。

二〇一六年，是綠藤的「公關元年」，而「無乳液實驗」正是綠藤一場完整結合產品及理念的行銷公關活動，不僅獲得空前的社會關注、帶動了奇蹟辣木油的銷售成績，也強化了綠藤以內容為行銷核心的信心。

「他們不只是聽過就算，而是馬上就身體力行的實踐，」丁菱娟欣慰的說。

為什麼別買這瓶潤髮乳

長期以來，綠藤運用公關行銷，與其說是「帶動銷售」，更可說是為了「倡導自己深信的理念」。

二〇一六年，綠藤舉行了公司創立以來第一場產品記者會。埋頭實驗室三年，綠藤的第一瓶潤髮乳「奇蹟辣木潤髮乳」終於面世。

不過，會場背板上卻大大寫著：「別買這瓶潤髮乳」。對於辛苦研發出來的產品，綠藤卻請消費者不要買，似乎不太合理，要了解這個違反一般商業邏輯的決策，需要回溯到二〇一三年。

綠藤推出頭皮淨化與強韌亮澤洗髮精後不久，便接到許多人詢問：「什麼時候推出潤髮乳？」面對消費者的殷殷期待，鄭涵睿、廖怡雯與許偉哲決定進一步與他們的技術導師林碧霞討論。

「潤髮乳是必要的嗎？」這是一開始林碧霞拋出的問題。如同綠藤研發其他產品一樣，必定先問——這是真實的需求嗎？

回到髮絲的本質，濕髮會糾結是正常現象，只要吹乾了，就能恢復自然，一般人不是非使用潤髮乳不可。然而，對於長髮、髮質受損的人，為了避免髮絲在清潔過程中過度糾結，潤髮乳又很可能是他們所需。

想到這裡，鄭涵睿、廖怡雯與許偉哲不得不思考，綠藤可以做什麼？能否找到天然來源的成分，取代一般潤髮乳常見的石化來源陽離子界面活性劑、矽靈，為有需要的人以及環境提供更好的選擇？

這個難題，也讓林碧霞非常苦惱。

過程中，她曾嘗試透過植物蠟與天然甲殼素帶正電的特質，解決濕髮糾結的問題。然而，樣品出爐後，效果卻不如預期。

直到二〇一四年，綠藤研發團隊發現了帶有正電特性的辣木籽蛋白，可以減少髮絲之間的摩擦力，使頭髮易於梳理，同時，也能幫助修護毛麟片、增添髮絲光澤，才讓一波三折的研發進度浮現生機。

鼓勵客人在購買前多思考

綠藤的第一瓶潤髮乳，終於有機會交到消費者手中了。

然而，正當產品熱烈準備上市之際，鄭涵睿卻在內部會議上堅定的說：「我們要叫客人別買這瓶潤髮乳。」

因為比起研發創新潤髮乳的喜悅，對綠藤來說，更重要的是帶動正向改變，鼓勵客人在購買前多思考，是否真的需要。

從源頭降低消耗，才是對環境最好的選擇。

「別買這瓶潤髮乳」的概念，來自巴塔哥尼亞「別買這件夾克」的啟發。二〇一一年，美國最重要的購物折扣季「黑色星期五」登場，《紐約時報》上出現了全版廣告，「別買這件夾克」（Don't buy this jacket！）。許多讀者看了，大感驚奇。

廣告中的「R２」夾克，是巴塔哥尼亞最暢銷的產品之一。這件夾克有六〇％原料為回收的聚酯纖維，以高品質的技法製作，格外耐用；當這件夾克的壽命走向盡頭時，巴塔哥尼亞還會將它回收製成等值的產品。即使如此，生產一件夾克仍需要耗費一百三十五公升的水，足夠供給四十五個人的每日用水；從製作到進入倉庫，共排放九千公克的二氧化碳，生產夾克帶來的汙染是夾克本身重量的二十四倍。

即使已經盡可能選擇對環境友善的製造方式，但是回到根本思考，對環境最好的做法，仍是避免衝動購物，不要買下不需要的產品。

這樣的理念，深深感動了鄭涵睿。他在MIT畢業前夕，買了一件「未來要穿十年」的巴塔哥尼亞外套，每次穿上，他便重新想到自己對環境的永續承諾。

綠藤也希望透過「別買這瓶潤髮乳」的議題，讓消費者擁有對髮膚、環境更友善的選擇；更重要的是，讓產品承載理念，透過產品資訊頁面及發芽大使的解說，讓每一位消費者都能對自己正在使用的產品有更真實的認識。

因為，使用不需要的產品，再好，都是負擔。

也許有人認為，「別買這瓶潤髮乳」只是以顛覆性的口號吸引消費者好奇、進而關注，最終仍是為了銷售產品。打開綠藤的營收資料就會發現，「奇蹟辣木潤髮乳」成為綠藤當時二十二項產品中，銷售最差的一支產品，但是對團隊來說，這才是真正的成功。

影響力，是綠藤追求的終極目標。

而當「理念」、「產品」及「行動」一起加乘，帶來的改變才足夠巨大，巨大到足以鬆動過往的限制。

練習

對肌膚和環境更好的斷捨離

日本雜物管理諮詢師山下英子（Yamashita Hideko），在二〇〇一年首次提出「斷捨離」，這個概念也可以運用在肌膚保養上：

Day 1：「斷」一個保養步驟

Day 2：「捨」一些多餘用量

Day 3：「離」一個非必要成分

現在就開始練習「整理」你的肌膚。

延伸閱讀

跟著綠藤一起進行「斷捨離」肌膚保養術

第四部

發揮更大的社會影響力

一本有溫度的公益報告書

時至今日，企業責任變得比以往任何時候都更加重要，這是大多數企業可以遵循的最佳戰略和財務路徑。

——淨七代創辦人霍倫德（Jeffrey Hollender）

許多書籍鼓勵人們，在新的一年來臨之前，花一點時間回顧過去，再寫下新的一年展望。關鍵在於，誠實面對自己的所有行為，才能了解自己做對哪些事、有哪些不足。

那麼，企業是否也需要定期面對自己，誠實檢視每一個商業決策，是否呼應願景與目標？

二〇一五年，綠藤創辦第六年，發布了第一本「公益報告書」。這本報告書，有別於大企業的CSR（企業社會責任）報告書，沒有冰冷的「本公司」代稱，鄭涵睿、廖怡雯與許偉哲以第一人稱及溫暖的語氣，寫下品牌創立的初衷與願景，然後娓娓敘述過去五年中，綠藤在企業營運、純淨保養、永續的生活方式上，達到了哪些里程碑，有哪些目標還需要努力，例如二〇一四年生產與銷售了二十萬盒芽菜，較前一年成長超過二〇%，全台通路也從一百八十三家增加至二百三十四家；基於栽培技術的省水特性，一年省下的水可以讓台灣人多洗十一萬次澡。

另一方面，綠藤也誠實面對自己的不足，包含受到夏季創紀錄的高溫影響，芽菜良率受到影響。綠藤現有設計還無法控制理想的溫濕度，在氣候變遷之下，如何持續改良技術並提升生產環境，就成為二〇一五年的目標。

一起打造非洲最大有機辣木田

在這份特別的報告書中，綠藤分享了一段橫跨一萬兩千公里的奇蹟。

故事，要從鄭涵睿攻讀麻省理工MBA時，結識了辣木油品牌MoringaConnect的創辦人卡明斯（Emily Cummings）說起。兩人同樣對植物以及天然成分有所研究，經常一起討論，希望用創新的方式，透過植物科學為世界帶來多一點美好。

而卡明斯所創辦的MoringaConnect，主要是希望為非洲迦納小農打造一個垂直整合的商業模式——輔導栽種辣木樹、公平收購，再將辣木油產品銷售到國際。這樣的商業機制，能讓農民在一年內突破貧窮線，並在五年左右成為中產階級。

雖然過去從未聽過辣木，也不了解辣木油的優點，但是鄭涵睿深受卡明斯的理念所感動，開始思考——綠藤可以做什麼？

為了更了解辣木油的成分與特性，鄭涵睿請卡明斯寄了一批樣品到台灣，交由林碧霞與廖怡雯研究。當時綠藤正處在研發綠藤活萃修護精華油的階段，因為遲遲找不到讓油脂容易穩定的方法而感到苦惱。「沒想到，媽媽第一次看到數據時嚇了一跳！怎麼會有一個在常溫下這麼穩定，而且非常具有保養價值的成分，」鄭涵睿興奮的說。

在林碧霞與廖怡雯的深入研究下，團隊才發現，辣木不僅被稱作「奇蹟之樹」，又有「植物界的鑽石」美名，不僅營養價值極高，全株可食，萃取自辣木籽的油，還有高度抗氧化與保溼功效。

於是，綠藤決定與MoringaConnect合作，在二〇一五年推出旗下第一支單一成分的保養油——「奇蹟辣木油」。

但是在當時的台灣，「油保養」的觀念尚未普及，第一批空運來台的辣木油，乏人問津，銷售成績極為慘淡。偏偏在這個時候，MoringaConnect也遭遇資金困難，因為與

MoringaConnect合作的迦納農民，大多一天只有兩塊美金收入，沒有足夠的資金購買種子與資材，另一方面，他們也擔心辛苦栽種的結果，最後卻無人購買。

感性與理性相輔相成，擴大改善力道

這個時候，綠藤做了一個極為大膽，或者說有些傻氣的決定——他們要投入資金，預先融資給MoringaConnect，直接供應農民初期資金、種子與肥料，並保證收購；同時，團隊也投入更多資源，擴大辣木油在台灣的宣傳與行銷，期盼更多人認識「奇蹟之樹」的美好。

從財務的角度來看，這個決策風險極高——收購的單價不會因為融資而降低，卻大幅增加公司資金周轉的週期。「這不只考驗公司的現金流，為了取得品質更好的辣木油，綠藤的進貨成本多了五成，連帶拉低產品毛利，」鄭涵睿透露。

儘管如此，鄭涵睿、廖怡雯與許偉哲沒有改變念頭：「這是我們該做的事！」他們相信，透過保障收入的機制，能大幅吸引迦納農民加入改變的行列，並有機會讓更多人認識像辣木油這樣的好產品。

對綠藤而言，感性與理性永遠相輔相成。面對這個關鍵決策，除了支持MoringaConnect的理念，鄭涵睿不忘回到最根本的商業策略思考。

對內，藉由實踐企業理念，有助凝聚成員共識和向心力；對外，在極度競爭的年代，綠藤的逆向思考，也許會在未來成為差異化的優勢。比如預先融資，既能確保原料品質，也讓供應鏈更加穩固，透過充沛資金能吸引更多農民加入，有助擴大改變的力量；又或是選擇有理念的產品作為公司主打商品，塑造差異化特色，未來獲利時就能投入更多資源發展，創造正向循環。

解決了MoringaConnect的資金問題，綠藤還要想辦法打開台灣的油保養市場。在團隊的努力下，透過無乳液實驗活動、媒體溝通等諸多行銷管道，花了一年時間，終於讓消費者開始接受油保養的方式，辣木油也從一開始乏人問津，一躍成為綠藤的明星商品，締造了五年內銷售超過十六萬瓶的亮麗成績。

在綠藤每一年新發布的公益報告書中，奇蹟之樹的故事仍在繼續。二〇一六年，卡明斯邀請綠藤加入他們的下一個夢想——打造非洲最大有機辣木核心農場。這個農場裡，不僅提供田地給農民栽種，也將成立更完善的培訓中心與實驗基地，研發各種永續栽培技術、更天然的肥料，進一步提升辣木的品質。

保證收購、預先融資，綠藤這些看似不聰明的採購決策，為遠在迦納的農民帶來意想不到的改變。

在綠藤二〇一九年的公益報告書中，可以看到MoringaConnect照顧的家庭，從二千百五個成長到超過七千個家庭，而農民的平均年收入從七百三十美元，提升至九千美元；而綠藤，則是目前除了美國之外，全世界最大的採購夥伴。

使命願景的力量

對綠藤來說，每一次撰寫公益報告書，都是再度省思「願景」與「行動」是否一致的寶貴機會。

在綠藤的辦公室與各門市中，鑲著企業使命宣言：「讓一個更真實、更健康的永續生活型態萌芽」。

這個使命宣言，不只是掛在牆上的標語，而是綠藤決策的重要準則。

時間回到二〇一四年，鄭涵睿加入由《數位時代》發行人詹宏志、前德勤中國策略長顏漏有共同發起的AAMA台北搖籃計畫。

「在AAMA裡，每位青年創業者有一位前輩作為導師，很幸運的，我的導師是信義房屋董事長周俊吉先生，」鄭涵睿還記得在面談前，他提出了一份年度計畫，上面洋洋灑灑的列出了「年營收目標成長一〇〇%」、「增強營運效率」、「成為國際品牌」、「績效管理」等涵蓋綠藤營運各個面向的期望目標，前往尋求周俊吉的指教。

看著因為公司快速成長，隨之產生的管理、營運難題而苦惱的鄭涵睿，周俊吉卻沒有直接給他答案，而是帶著他來到信義總部二樓所懸掛的立業宗旨之前。

那是一幅有些陳舊的紅色毛筆字畫框，上面寫著：「吾等願藉專業知識、群體力量以服務社會大眾，促進房地產交易之安全、迅速與合理，並提供良好環境，使同仁獲得就業之安全與成長，而以適當利潤維持企業之生存與發展。」

四〇年來，這段「立業終旨」，始終是周俊吉及信義房屋全體員工的行事最高準則。

「當時周先生告訴我，先別想太多，當下最重要的事，是我必須要讓全部的同事都清楚知道：綠藤這間公司存在的原因是什麼？而且要將這件事寫下來，不能只留在創辦人的心中。」最後，周俊吉告訴鄭涵睿：「當這句話被寫下來時，它就會變得很有力量」。

雖然有些半信半疑，但鄭涵睿仍與公司重要的夥伴一同坐下來討論，邀請大家分別寫下彼此對於綠藤的想法、能夠代表綠藤的關鍵字，以及大家認為綠藤最重要的任務是什麼，最終才勾勒出目前鑲在綠藤辦公室與各門市的使命宣言：「讓一個更真實、更健康的永續生活型態萌芽」。

「沒想到，寫下綠藤的使命之後，組織真的變得不一樣了，」鄭涵睿回憶，過去的綠藤團隊在做決策時，雖然也是在「環境」、「永續」的大方向下思考，但是每位成員對於什麼是綠藤最重要的使命，想法還是過於分散，所以有太多可能性，似乎都可以發展。

例如綠藤為了推廣活芽菜，曾經想過要開一間只使用天然、健康食材的早餐店，或者是面對其他品牌提出的OEM代工，也並沒有完全排拒。

聚焦於只有綠藤才能做的事

但是過多的選擇，對於一個資源有限的新創公司而言，反而會分散焦點，難以集中心力在最重要的事情上。

「寫下這個使命之後，我們開始能夠對焦，更清楚知道什麼事情只有綠藤才能做、什麼事情不一定要我們做。」這個宣言，除了掛在工作環境中提醒每位成員，也寫在公益報告書上，向社會告示。

在這個過程中，鄭涵睿深刻感受到，寫下的共識，才是真實的共識，它是公司發展的關鍵依據，也讓許多的選擇變得更容易。

舉例來說，綠藤有一個「三分之一」原則，便是將年度獲利三等分回饋給團隊夥伴、社區（消費者溝通、綠色生活推廣及捐贈等）及留作綠藤發展所需；甚至還設下一個限制，亦即創辦人不能領取公司的最高薪資，包含獎金。鄭涵睿認為，「讓每一位夥伴的努力都能獲得應得的回報，才是更重要的事。」

當這個原則每年被檢視，不論經營陷入低谷或獲利倍增，作為辛苦的創辦人及實際營運者，鄭涵睿、廖怡雯與許偉哲從未打破這個限制。

鄭涵睿也曾拋出不同問題，邀請每位同仁思考：「長期跟短期、速度跟品質、彈性跟計畫、團隊合作與個人貢獻，還有獲利跟成長，你會選哪一個？」有了清楚的企業願景，才能幫助每一個團隊成員做出正確的選擇，鄭涵睿說：「我們希望讓每位工作夥伴的目標，都是公司使命的延伸，如此，美好的事就會發生。」

二〇二〇年，為了迎接下一個十年的挑戰，綠藤再度邀請團隊成員坐下討論，訂出最新的品牌使命：「讓更多永續選擇，在生活中發芽」，希望這個更加具體明確的目標，能夠帶領綠藤團隊成員走得更遠。

對一個理念先決的企業來說，這一點特別重要。因為，價值觀正是不可退讓的底線。

直到現在，綠藤每年仍投入大量資源編撰公益報告書。鄭涵睿指出，「一般公司，都是由公關部門去蒐集、撰寫CSR報告書，但是在綠藤，公益報告書不只是內容或公關部門的事，而是全公司都要一起參與，交出自己部門的成績單。」

「企業最重要的資源，其實就是人，也就是同事的時間，」廖怡雯補充，在綠藤，公益報告書的重要性和營收一樣重要，會列入當季目標，因此必須投入最重要的資源。

這本報告書，就如同綠藤的每間門市、每個產品一樣，對綠藤而言，是一份內部的成績單，讓每一個夥伴可以回頭檢視，過去一年大家共同完成了什麼挑戰；對外，這份報告書不只凝結了企業的理念，激勵所有合作夥伴，更是溝通市場的媒介，透過資訊揭露，邀請消費者深入閱讀綠藤奮鬥的軌跡，共同繼續前行。

就由綠藤來拋磚引玉吧！

其實，根據法規，只有上市（櫃）食品業、金融業、化學工業及實收資本額在一百億元以上的公司，才需要編列CSR報告書。

像綠藤這樣資源有限的新創企業，光是拓展市場、維持營運，就已經花掉大部分時間，為什麼還要自發編寫一本對大眾開放的報告書？

二〇一四年底，鄭涵睿突然收到一個主題為社會企業的座談會講者邀請，發信人是專研公司法的政大法學院教授朱德芳。

「當時是台灣社會企業的形塑時期，相關的討論非常多，」鄭涵睿回憶，在活水影響力投資總經理陳一強的引薦之下，朱德芳邀請鄭涵睿在座談會中分享了綠藤的經驗。

在討論社會企業是否應該由政府立法規範、滿足特定條件才能被稱為社會企業；或是採取較為軟性的做法，由民間的第三方平台認證時，朱德芳拋出一個問題——你怎麼知道你正在做對社會有益的事？

朱德芳指出，社會使命型企業，遵循的是比法律更高、更抽象的標準，因此經營者是否達到目標，便往往因股東的價值觀差異而產生不同解讀。

因此，朱德芳認為，不論企業規模大小，每家企業都應該定期撰寫「公益報告書」，每年重新檢視公司的使命與營運方式是否相符，動態調整及修正，才能避免社會使命與商業法則之間的矛盾。

不過，在向中小企業推動這個理念時，朱德芳遭遇了許多困難。報告書應該包含哪些架構？用什麼方式整理大量的資訊？大家的建議都不一樣。最好的做法，便是透過一間公司的示範，激發後續的漣漪。

鄭涵睿提議，「那麼，就由綠藤來拋磚引玉吧！」雖然綠藤不在政府強制發行CSR報告書的名單內，但是鄭涵睿卻非常支持，希望為社會做出一個示範，讓更多以理念為驅動的企業，也能更加了解公益報告書的理念，並開始加入撰寫的行列。

「這是一個新的趨勢，企業所扮演的角色開始轉變，」廖怡雯指出。過去企業的角色是追求獲利，以及為股東利益極大化，隨著時代變遷，企業獲利之後，開始回饋社會，衍生出企業社會責任。

但是在新的時代浪潮中，企業的角色又經歷了一次重新定義，如今企業可以實踐社會創新與社會使命。而這個角色，過去主要由非政府組織與非營利組織所承載。

「也就是說，我們不再是公司獲利之後，再去回饋社會，而是企業一開始存在的核心與商業模式設計，就是為了實踐某個社會使命，」廖怡雯說，公益報告書的設計，就是學界、法律界與企業端共同嘗試定義，未來新的企業應該如何公開揭露資訊，並發揮正向影響力。

曾有一位求職者興致勃勃的告訴鄭涵睿：「我對研究環境與回收體系非常有熱忱，在公益報告書中看到綠藤持續研究與精進環保瓶器包裝，很希望能加入綠藤貢獻所學，一起努力降低對環境的負面影響。」

即使這位年輕人的提案並非百分百可行，卻讓團隊更加相信，公益報告書將幫助消費者更加理解綠藤的努力，以及如何更好。

一間小公司，也能帶給社會不同的啟發。

練習

重新認識永續與自己的關係

邀請你一起來閱讀這幾本與永續議題相關的綠藤推薦書單，重新檢視自己與環境的關係，也許你的思維與生活習慣也會因此而有所改變！

1. 《斷捨離》
2. 《越環保，越賺錢，員工越幸福！Patagonia 任性創業法則》
3. 《寂靜的春天》
4. 《塑膠：有毒的愛情故事》
5. 《環保一年不會死！不用衛生紙的紐約客減碳生活日記》
6. 《土壤的救贖》

不是世界最好，但對世界最好

十年後，人們會認為其他的企業經營方式不可思議。「企業只在乎營利」是一種過時且不負責任的觀念。

——達能執行長戴維斯（Lorna Davis）

台灣時間二〇一六年九月十四日早晨，位於美國賓州的B型實驗室總部發出了公告，宣布B型企業年度最高榮譽——「對世界最好」國際大獎得主名單。而綠藤榮獲其中的「對環境最好」獎項。

B型實驗室重新定義企業成功，期待有一天，企業競爭的目標不再是「成為世界最好的企業」，而是「對世界最好的企業」。

從二〇〇七年推動B型企業認證之後，這股風潮已經成為全球運動，橫跨了七十個國家、一百五十種產業，超過八萬家企業申請，並有三千家以上企業通過認證。包括全

多數企業競逐「世界最好」，綠藤卻選擇「對世界最好」，在每一個能夠貢獻心力之處，不遺餘力。

球戶外用品領導品牌巴塔哥尼亞、世界食品龍頭達能（Danone）集團旗下的北美達能（Danone North America）、全美第三大冰淇淋品牌班傑利（Ben & Jerry's）、全球最大群眾募資平台Kickstarter……。

被全球商業人士所推崇的美國《財星雜誌》，在二〇一六年年度重要事件觀察中也指出，B型企業是企業的前五大趨勢之一。

連續4年榮獲「對世界最好」大獎

這一天，在地球另一端，綠藤正在忙著舉行公司創立以來第一場記者會「別買這瓶潤髮乳」，得到大獎的好消息傳來，團隊激動不已，從內心湧出難以言喻的光榮感。

而這，只是開端。

接下來幾年，綠藤成為亞洲唯一連續四年蟬聯「對環境最好」獎項的B型企業；二〇一九年，更進一步獲頒「整體最好」獎（Best for Overall）。一連串的肯定，也展現了綠藤對於永續的持續努力和投入。

其實，獲得B型企業認證本身就是一個肯定。因為B型企業評估的是一家企業「全面性」的表現，包括：公司治理、員工照顧、友善環境、社區經營和對客戶影響力等五個面向，被美國《企業》雜誌（Inc.）稱為「善盡社會責任的企業之最高標準」

取得B型企業認證，並不容易。企業必須填寫「效益影響評估」（Business Impact Assessment, BIA）問卷，回答完超過兩百個問題後，還要面試並通過書面審查等程序，過程可能長達一年以上。

總分為兩百分，超過八十分以上，B型實驗室才會頒發認證，讓企業的各方利益關係人，可以檢視其商業影響力作為。通過認證後，每二至三年需要重新審核一次。

除此之外，B型實驗室每年會在全球認證企業當中，篩選在五個面向及總體分數中，得分名列全球前一〇%的企業，發出「對世界最好」大獎，其中包括「整體最好」、「對環境最好」、「對員工最好」等六個獎項。

綠藤在二〇一五年取得B型企業認證，隔年就獲得「對環境最好」獎項，這意味著，綠藤在產品及服務設計上的創新，對解決環境問題具有一定貢獻。

長久以來，相較於關注外界動態，綠藤更習慣向內看，持續探索如何開發出更天然環保的產品、向社會傳遞更多正確的訊息，在「沒有最好，只有更好」的企業文化下，綠藤從來不滿足於現有的成果，反而時常覺得自己做得還不夠好。

因此，能獲得B型企業的大獎，綠藤感慨良多。

鄭涵睿認為：「追求永續一直是綠藤的核心價值，能代表台灣獲得國際肯定、與世界頂尖品牌並列，我們感到很榮幸。」

「綠藤一直在走自己的路，得獎的主要意義是讓我們理解，原來從全球的角度來看，綠藤在環境上的努力，做得還不錯，」廖怡雯說。

創業以來，歷經內部無數次討論，綠藤訂出自己的「永續策略模型」——透過創新產品、倡議綠色行動及消費者溝通，訴求認同綠藤理念的消費者，帶出品牌的差異化價值，進而提升產品溢價和市場占有率。當營收大於成本，便能產生利潤和價值，進而繼續投入資源，達到更永續的生產循環，回饋更多給社會。

一路走來，綠藤一直在挑戰別人眼中的「不可能」，讓餐桌上的食物、生活中的用品，都有更健康、更永續的選擇。

為地球累積「淨正向」的綠色生產

創業之初，綠藤打破慣行農業大量使用化學肥料、農藥，以追求產量與規模的做法，首創「活著」的芽菜，讓消費者吃到新鮮且完整的營養價值，也以創新的壓力與水分管理模式，節省了九〇％水資源，讓農作物的生產方式更為永續。

從飲食跨足清潔保養領域，綠藤再度顛覆市場的既有想像。在研發過程中，林碧霞堅持不使用可能對人體造成安全疑慮的原料，即便這些原料完全合法。從這個理念出發，綠藤制定了一份內含超過二四〇〇種成分的「非必要成分清單」。

在這份清單中，除了歐盟化妝品法規禁用的一千三百九十四項成分[1]、台灣化妝品法規禁用的三百四十一項成分[2]，綠藤用更高的標準要求自己，依循歐洲天然及有機化妝品驗證標準COSMOS，對於已有科學證據顯示，該成分的製程或成分本身，對肌膚或環境具有產生負擔的疑慮或風險，無論是否天然來源，都不會使用。

舉例來說，在許多清潔、保養與彩妝產品中常見的石化來源界面活性劑「聚乙二醇化合物」（PEGs），因為具備清潔劑、乳化劑、潤膚劑等多種功能，而且在合理使用下對人體不會造成傷害，因此，對於研發人員而言，是一個非常好用的原料。

資料來源（掃描下方Qr Code檢閱）：

1：歐盟化妝品成分資料庫（2019/1/30）。

2：衛福部食藥署發布之「化粧品中禁止使用成分總表」（2018.03.23）。

但是綠藤認為，聚乙二醇化合物的相關成分，在製程中會產生對環境有害的副產物二噁烷(1,4-dioxane)，而且可能不慎汙染到PEGs本身，所以不使用這類成分。

而許多人熟知的「矽靈」（Silicone），在合理使用之下，理論上不會對人體造成安全疑慮，但是，矽靈屬於較不容易被分解的物質，綠藤以對環境更友善的植物蠟來替代，一樣能夠修復受損的髮絲。

除了刻意避開對人體、環境可能造成風險的成分，令人感到愉悅的合成香精（Fragrance）也不在綠藤的選擇之中。因為香精配方在歐美等多數國家，受到商業祕密相關法規保護，不需要公開標示詳細成分，因此，綠藤寧願尋求其他更透明的成分選擇。

知道愈多，愈有力量

除了「非必要成分清單」，綠藤也持續在部落格上分享「成分的故事」，解析綠藤為什麼會選用某個成分，以及這些成分對於肌膚、環境與社區，可能造成的改變與影響。

綠藤投入極大的心力，詳實記錄選擇用或不用某個產品成分，背後的初衷，仍然來自於品牌信仰的「純淨」理念，透過資訊的揭露，讓消費者可以更加了解，並選擇自己想要使用什麼產品，正如同綠藤官網主視覺上寫的：「你知道得愈多，你就愈有力量。」

在瓶器及包裝的設計上，綠藤也再次展現了他們追求極致的堅持。

二〇一五年，綠藤與獲得五次紅點設計獎（Red Dot Design Award Taiwan）、四次德國**iF**設計獎的美可特品牌企劃設計公司合作，花費長達二十八個月的時間，才打造出全新設計。

之所以耗費這麼久的時間，是因為綠藤堅持，在外型的美感之外，還要兼顧永續的原則——壓頭必須讓消費者更精準的控制用量，減少溢出浪費，包裝材質必須優先選擇單一、可回收材質……。

同事一次又一次往返於台中與台北、數不清次數的修改，都只是為了盡可能減少消耗，同時讓必要的消耗重新進入回收系統，循環利用。

時常有人詢問綠藤，為什麼不出環保包？這樣不就可以減少製造新瓶器？

事實上，補充包也曾是綠藤努力的方向，因為軟性包裝可以做到極薄、有效節省包材的使用。

然而在深入了解後，綠藤發現，台灣目前的軟性包裝，在內裝是液體的情況下，必須分層使用不同的塑膠材質，來確保產品包裝足夠堅固。但是，這種包裝在後續處理時

知道愈多，愈能做出正確的選擇。比起「一旦被丟棄，只能成為垃圾」的補充包，綠藤採用能夠永續循環的材質製作瓶器，減少環境負擔。

無法拆解不同的塑膠材質，因此一旦被丟棄，就會成為真正的垃圾，無法回收再利用。

相較於現在使用的塑膠瓶，幾乎都能回收再利用，綠藤選擇暫不發售補充包。

走進任何一間綠藤門市都可以看到，空瓶回收箱靜靜佇立在專櫃一角。每次打開箱子，看到堆滿的空瓶，綠藤團隊總會默默感謝每位一起努力的消費者，讓這些瓶器有機會被二次利用、進入永續循環。

就連門市使用的購物紙袋，也暗藏了團隊的小小巧思。紙袋上印了十個圓圈，希望客人至少使用十次。台中勤美門市的發芽大使就曾遇到一位客人，在使用第十一次時，開心的拍照分享她的環保行動，照片上，她幽默的寫上「用了十一次，他還活著！」

二〇一三年，鄭涵睿拜訪淨七代共同創辦人霍倫德，在會面即將結束時，鄭涵睿詢問霍倫德的願景，沒想到，卻聽到一個令人省思的答案：「我過去所做的事，包含在淨七代所進行的努力，只是在努力修復許多不合理的現象，但整體而言，這些努力並沒有讓世界真正變好，而是比較沒有那麼不好（Less bad, but it's still going bad）。」

儘管如此，霍倫德仍期待，有更多淨正向（Net Positive）的產品與企業出現，在經過一個轉折點之後，這個世界每一天都將轉變，變得更好。

在這次珍貴的對話中，鄭涵睿深刻體會到，企業要邁向永續並不容易。但也因為如此，綠藤的每一個決策，更必須抱持著戒慎恐懼的心態，盡可能減少對環境的負擔，也邀請消費者一起累積產品的「淨正向」。

因為累積每一個看似微小的改變，就可能在未來的某一天扭轉世界，朝向更好的方向前進。

抱持這樣的信念，每到十一月，當電商、購物平台摩拳擦掌，準備迎來年度銷售高峰時，綠藤團隊就愈發擔憂。

你的每一次消費，都在為你想要的世界投票

二〇一七年十一月，鄭涵睿在個人臉書頁面寫下一段文字：

「雙十一要到了，心情真的蠻沉重的，我知道阿里巴巴又會再次刷新紀錄，十一月十二日的新聞頭條已經確定是雙十一總共有多少交易發生，高達多少金額。

但是，有多少的衝動性購買會發生、有多少沒有必要的交易會發生、有多少退貨／逆物流、以及隨著產生對於環境的影響，也都會跟著雙十一到來，真的感到焦慮。」

「雙十一購物節」是中國大陸電商巨頭阿里巴巴旗下的購物網站「淘寶網」與「天貓」，在二〇〇九年十一月十一日啟動打折促銷的購物狂歡節。在媒體及網路的傳播之下，兩岸電商平台紛紛加入，每年都創下銷售新紀錄，二〇一九年的雙十一購物節中，光是天貓網的商品成交額就高達新台幣一．一五兆。

但是短短二十四小時的購物狂歡，對地球卻是一場生態挑戰。根據綠色和平組織和其他非政府組織所發布的報告，二〇一八年，中國大陸電商、快遞產業所產生的包裝垃圾數量達到九四〇萬噸，這些包裝材料的生產、使用和處置過程共排放了一三〇三萬噸的二氧化碳，需種植約七．一億棵樹才能中和。

身在這股令人沮喪的潮流中，綠藤可以做些什麼？

為了維持品牌的永續經營，也希望避免讓消費者衝動購物，綠藤的訂價策略，即使配合各種活動檔期所推出的優惠，也很少出現八折以下的價格。不過，鄭涵睿似乎認為這樣還不夠。

十一月十一日，綠藤不只沒有優惠活動，官網還要關店一天。

「這個決定有點任性，我也很感謝綠藤同事願意支持。」官網是綠藤最重要的營收來源，但是，鄭涵睿希望透過「關店一天」這個行動，邀請綠藤消費者共同思考，在「該買」、「想買」之外，其實還有第三個選擇——「不一定要買」。

自二〇一七年開始，十一月十一日閉店，已成為綠藤的獨特傳統。二〇一九年，綠藤進一步與長期關注海洋環境的非營利組織「Re-think重新思考」合作，共同舉辦北海岸淨灘活動。

週一上午，烈日下的白色沙灘更顯炎熱。雖然是非假日，卻有一百五十人到來，朋友相揪、爸媽帶著孩子，大家一起清理堆藏在細沙裡的塑膠瓶、紙袋、吸管……，短短兩個小時，就挖出近二百五十公斤的垃圾。

任務完成，擦乾汗水，看著孩子們一起在乾淨的海邊盡情玩沙，鄭涵睿感到格外有成就感。

作為一家擁抱商業的新創公司，綠藤從不認為資本主義是邪惡的制度，更積極藉著消費來改變世界，正如同生態環保倡議家拉佩（Anna Lappé）所說：「你的每一次消費，都在為你想要的世界投票。」

除了以十一月十一日閉店來倡導綠色消費，綠藤還有新創意。

根據腦神經科學的研究，人的腦中有一個獎賞系統，每當它受到刺激，便會釋放多巴胺，令人感受到興奮。根據這個理論，出現了「神經行銷學」（Neuro-marketing），

零售業瘋狂促銷衝業績的雙11購物節，
綠藤選擇閉店一天，全公司一起去淨灘。

透過精心設計的廣告與行銷方案，直搗大腦，讓人們愈購物愈快樂。

難道，快樂只能建立在購買一個又一個商品之上？

有沒有可能，讓「做環保」，成為為生活帶來更多意義與快樂的新習慣？

在這樣的起心動念之下，綠藤從行為心理學家雷須利（Karl Lashley）的學說得到靈感。雷須利認為，要養成一種新行為，至少需要重複執行二十一天，才會變成習慣。

二〇一七年三月，綠藤與台灣環境資訊協會合作，發起「綠色生活二十一天」的串連活動。他們將看似龐大複雜的環保知識，轉化成連續二十一天的簡單綠行動，綠藤團隊每天發出一封電子郵件，郵件裡是一個綠色靈感、一張資訊插圖，以及每天一件的綠行動任務。

就像是玩遊戲一樣，這個活動邀請每位參與者一同闖關，完成挑戰。

「綠色生活二十一天」的第一天，參與者接到任務是「向見到的第一棵樹說謝謝」。沒有樹，人類就無法自在呼吸。因此，向樹木表達感謝，是友善環境的開始。再點進活動網站，還有趣味的知識插圖告訴你，一棵樹一年可以淨化十二公斤的二氧化碳，而十二公斤相當於，一台車行駛七十五公里的碳排放量。

來到第七天，任務是「列出最近想買的東西，開心的劃掉一個項目，一起打消一個購買念頭」。因為別購買不需要的東西，可能是我們對地球所做最好的事。

打開衣櫥，穿一件久未見面的舊衣，取代買不完的新衣，為地球省下更多資源消耗；每次刷牙時關上水龍頭，可以省下相當於六十瓶可口可樂的水；晚上抽空整理冰箱，因為當冰箱塞滿食物，耗電量就會增加四至五%⋯⋯。

這些任務一點都不困難。只需要稍微調整行為模式，便能為地球盡一份心力，為人們帶來意想不到的成就感。

再渺小的行動，都可能改變世界

二〇二〇年，「綠色生活二十一天」已經連續進行四年、超過一萬六千人響應，累積實踐十五萬個綠行動。活動進行中，許多人寫下自己的心情：

「我開始在手機設定電子發票載具，執行不印出電子發票，隔天我參加同學會時，席間，我請大家也響應不列印電子發票的行動，那天感到特別快樂。」（阿娟子）

「購物時自備環保袋會得到店員的讚美或『感謝你的環保』的回應，我非常喜歡那種別人懂『我對環保的小堅持』的感覺！」（巧如）

「很喜歡穿舊衣的活動，已從親戚接手一些二手衣物，不但復古還有別於自己平時穿衣風格，重要的是提醒自己降低購買慾望，不跟隨當今流行的快時尚，能拉長物品的使用時間及發揮最大作用，或許也是不浪費的一種作法，謝謝帶領消費者從事綠行動的綠藤團隊。」（Ruby）

綠藤團隊興奮的發現，經過綠色生活二十一天的旅程，有六十三％的參與者表示，即使活動結束，仍會持續將綠行動落實在生活當中；更令人驚喜的是，有超過七成的人願意將活動推薦給親朋好友。

美國歷史學家津恩（Howard Zinn），經常從基層社會的視角挖掘歷史的走向，他留下一句名言給後世：「行動再渺小，當乘上百萬的你我，卻能改變世界。」「綠色生活二十一天」正在逐步印證這句話。

「對人、對環境好的同時，也能讓企業獲利」，這是綠藤成為B型企業的信念。放眼世界，這也是一條不得不走的路。

二〇一八年，全球最大投資公司貝萊德（BlackRock）成立三十週年，創辦人芬克（Larry Fink），寫給企業執行長一封公開信。他在信中語重心長的指出：「大眾對公司的期望，從來沒有這麼大過。社會要求公開上市公司和私有公司達成社會目的。公司若想要日益繁榮，不僅必須提出財務績效，還要展示它如何為社會做出正面貢獻。公司必須讓所有利害關係人受益，包括股東、員工、顧客，以及他們所在的社區。」

從「好企業也能賺錢」到「好企業才能賺錢」，投資大師的提醒，值得每位企業經理人警覺。

練習

加入「綠色生活二十一天」行動

連續二十一天、一天一封給你的信，透過一天一點改變，也許你會開始習慣，隨時隨地，都對環境再好一點點。

掃描QR Code進入「綠色生活二十一天」活動頁面，點擊「立刻加入」，瀏覽為你準備的二十一件綠色行動任務；當你完成時，也請不吝按下「我也完成了！」一起為台灣蒐集更多綠行動。

第五部

我們都是塑造綠藤文化的人

不怕和別人不一樣

你自己必須成為你在世上
想見到的那個改變。
——印度國父甘地
（Mohandas Karamchand Gandhi）

「為什麼綠藤每位員工的感覺都那麼像？」許多人第一次接觸綠藤團隊時，都會發出這個驚嘆。當然，所謂的「相似」，並不是指外表衣著，而是團隊成員自然散發的氣質。

曾經有人開玩笑說，參加綠藤的講座，很像參與宗教佈道大會。只是，這個宗教是在「永續」的信仰之下，形成的高效且充滿執行力的團隊。

而且，這樣的組織文化，彷彿從綠藤成立的第一天開始就自動形成的隱形條文，也是由一群擁有共識的人，三百六十五天一起將共同目標付諸實踐的過程。

許多綠藤團隊的成員，擁有亮麗的學經歷，在世俗眼光中，他們擁有許多職涯選擇權，但是他們卻選擇跟隨內在的鼓聲，走一條非典型的路。

踏上自己嚮往的道路

這種勇於和別人不一樣的特質，在綠藤台北辦公室第一號成員、通路業務經理陳宜珊身上展現得淋漓盡致。

大學主修國際企業系的陳宜珊，個性活潑、喜歡接受挑戰，她曾赴土耳其實習，後來進入全球知名的倫敦政經學院傳播所，持續探索人生的可能性。

研究所畢業之後，她回到台灣，加入一間在台灣新設立分公司的美國企業，專做網路上的行程介紹。

沒想到在二〇〇八年金融海嘯裁員潮中，她成為第一批受害者。但是這次挫折，並沒有讓陳宜珊灰心，她反而破釜沉舟，決心往海外尋求機會。

在全球性的經濟蕭條中，陳宜珊憑著積極的態度，經過層層篩選，成為一家國際性監視器系統公司的英國業務經理，時常在英國與台灣兩地跑。這時候，她卻萌生轉換跑道的念頭。

綠藤第一號成員陳宜珊，非常享受不同的挑戰。親和力十足的她，經常站在第一線，向消費者介紹綠藤的理念。

「跟喝牛奶會吐的人有點像，我好像是得了社會不耐症，對於工作頭銜、賺大錢這類的目標沒什麼追求。」陳宜珊這樣形容自己。

自己究竟想做什麼？

什麼是我人生中最重要的事？

這些來自於內心深處的問句，也許聽起來非常熟悉，但是當大多數人選擇忽略它們，用日復一日的忙碌來轉移心中的徬徨時，陳宜珊卻認真與自己對話。

「我想要的，是能夠跟生活、生命貼近的工作，」探索的過程中，陳宜珊回想起自己在大學時曾經想開麵包店、研究所時想開一間像Whole Foods的有機商店，畢業後，她又夢想成為像英國名廚奧利佛（Jamie Oliver）這樣的飲食革命者。

塵封於記憶中的夢想，在這個瞬間一一甦醒。

有一天，陳宜珊與朋友偶然到一間主打天然食材的餐廳用餐，充滿生活感的自在氛圍，令她彷彿找到了歸屬感，用完餐的當下，立刻決定加入這間餐廳。儘管餐廳主管驚訝的表示，只有外場服務生的職缺，陳宜珊也毫不猶豫。

這份別人眼中不值一提的餐廳服務生工作，卻是陳宜珊最開心的一段日子。總是穿梭於不同場域尋找熱情的她，終於確立自己的真心追求，是與天然產品相關的工作。

「剛好我有位大學學長是涵睿在金融業的同事，在一次的閒聊中，他提到涵睿的創業故事，大家都覺得他跑去種芽菜很奇怪，但是我也很奇怪，所以綠藤的故事反而很吸引我，」陳宜珊笑著形容自己與綠藤相遇的契機。

當時綠藤剛邁入創業第二年，就連三位創辦人都不確定公司未來能走到哪裡，陳宜珊卻主動要求加入，「我完全沒有思考芽菜的市場多大，或者未來有什麼發展，只覺得芽菜很酷，很想加入這個團隊，一起做一些不一樣的事。」

二〇一一年，向來勇往直前的陳宜珊加入綠藤，擔起芽菜的推廣重任，無論在市集、百貨商場或超市，總能看見她開朗熱情的笑容，讓每一位路過的客人不自覺停下腳步，聆聽她的介紹。

看著不到五人的團隊，成長為超過九十人的規模，也不用每天擔心公司的現金流，陳宜珊的心態卻沒有太大變化，「直到現在，我還是覺得我們是一個熱血的創業團隊，有很多想做的事，也能隨時面對不同的挑戰。」

陳宜珊的堅定，來自綠藤的核心價值，「讓更多永續選擇，在生活中發芽」。雖然前面的路還非常漫長，甚至矗立著一道道難以攻克的關卡，陳宜珊卻極為享受這段挑戰的旅程。

「你願意賣一輩子的糖水，還是希望有機會改變這個世界？」一九八三年，蘋果電腦創辦人賈伯斯向當時被視為百事可樂董事長候選人的史考利（John Sculley）提出了這個疑問。

這個問題像幽靈一樣，在史考利心中揮之不去。最終，他捨棄了前途輝煌的大企業，擔任蘋果電腦的執行長。因為，根植於理念的夢想，猶如深夜中的溫暖火光，無論路途多遙遠、旅人多疲累，總會情不自禁奔向它。

理念，再也不必跟現實妥協

蘇勇嘉加入綠藤的故事，雖然沒有史考利這麼戲劇化，但是對於理念的追尋與渴求，卻如出一轍。

二〇一四年，陳宜珊拜訪一間想推廣有機食材的餐廳，見到專案負責人蘇勇嘉，總覺得這個人彷彿在哪裡遇過。

「你看起來很面熟。」

「妳也是！」

「啊！」陳宜珊猛然想起，「你之前是不是買過我們的芽菜手捲，而且買了很多！」

二〇一二年的世界地球日市集，陳宜珊和同事在這裡擺攤。蘇勇嘉當時服務的品牌正是活動贊助商，趁著逛市集的機會，他向陳宜珊買了許多芽菜手捲，分送給同事品嘗。

奇妙的緣分，牽起兩人的情誼，自此之後，他們一直保持聯繫。當時的蘇勇嘉剛從待了十多年的香氛保養品牌離職，跨入餐飲業。之後沒多久又離開，成為品牌顧問。

「要找到理念相符的公司，真的有點困難，」作為一個對環境、對人、對社會充滿想法的人，蘇勇嘉發現，不論多麼強調理念的公司，在面對商場競爭的考驗之後，也只能讓道給現實，而身為高階主管，他只好暫時按耐心中的不安，帶領團隊衝刺公司的目標。

我總是想影響公司，但是卻很困難。

後來我累了，最後就覺得，算了。

許多獵人頭公司積極接觸蘇勇嘉，但是他已經不再容易信任組織，也不願忍受理念與現實拉扯的煎熬，寧願當一個只需要協助企業解決問題的顧問。

「二〇一五年，宜珊很開心的告訴我，綠藤即將開設第一家門市了，邀請我過去看看，」蘇勇嘉回憶起生命的轉彎處。

蘇勇嘉以朋友的立場，慷慨給予許多建議，也在鄭涵睿與廖怡雯的邀請之下，成為綠藤的顧問，最後加入團隊。

「在我擔任顧問的幾家公司中，綠藤不是最具規模的，卻是最特別的，」在合作中，蘇勇嘉得以長時間近距離觀察綠藤，了解他們的品牌、產品理念。

在一次的閒談中，蘇勇嘉與廖怡雯無意中聊到：如果在週年慶檔期即將到來的時候，發現有一大批產品的品質不盡完美，妳會怎麼做？

「怡雯沒有任何猶豫的回答，她絕對不會讓這批產品就這樣銷售出去，即使會對營收造成很大的影響，」價值觀上的對焦，令蘇勇嘉至今印象深刻。

二〇一七年，綠藤打算全面換上更環保的新瓶器，在討論包裝設計時，蘇勇嘉見識了綠藤團隊的「錙銖必較」，居然連瓶器內的彈簧如何回收，這種極微的細節都設想周到，「我覺得這家公司很瘋狂，居然這麼龜毛。」

蘇勇嘉很少遇到一個自我要求這麼高、如此在乎永續價值的團隊，「他們對產品、行銷的標準，都讓我覺得很舒服。當下我覺得，這就是我想要加入的公司。」

蘇勇嘉接手了鄭涵睿與廖怡雯較不熟悉的門市營運業務，讓當時缺乏制度、虧損連連的敦南門市，迅速步上正軌。更重要的是，他的經驗豐富、處世圓融，與相對年輕的鄭涵睿、廖怡雯形成極好的互補。

舉例來說，為了刺激銷售，許多百貨商場會持續推出各種優惠檔期，也希望專櫃配合，但是綠藤希望和顧客建立更加長期的健康關係，所以不傾向頻繁的推出下殺折扣。「之前我們也會和商場好好溝通，但是Freddy加入之後，同樣的話從他口中說出來，就是更有說服力，更能夠讓百貨相信綠藤是一個很好的品牌，能夠穩健的一年比一年好，」資深零售經理鄭毅說。

蘇勇嘉的加入，除了補上綠藤在零售管理經驗的不足，也帶入策略思維。鄭涵睿指出，如果將人分成三種，分別是看向過去、現在與未來，他們三個創辦人比較專注在當下，盡力做好現在想做的事，「但是，Freddy心中永遠都會有一個未來五年的藍圖。」

蘇勇嘉正式加入綠藤的第一天，鄭涵睿拿了一張紙，列出希望蘇勇嘉幫忙達到的目標，但是蘇勇嘉卻說，他希望有足夠的時間先觀察同事如何工作，再提出更適合的計畫。「當下我有點Shocked，但也很感動，」因為鄭涵睿意識到，蘇勇嘉之所以不輕易應下任務，是因為他非常重視原則與承諾，「Freddy想充分了解綠藤之後，再做出對綠藤最好的選擇。」

直到現在，蘇勇嘉仍像一個謀定而後動的建築師，以充滿遠見的目光，為綠藤規劃未來的發展藍圖。

為了理念而奮鬥

當世俗成就不再滿足你，你要如何為生命找到意義？綠藤人心中有個共同想法——生命還有另一種樣貌，就是為了值得奮鬥的理念而活。

資深零售經理鄭毅身材高大，光頭既酷又有型，不說話時看起來有些嚴肅，似乎和綠藤團隊的溫暖氣質不同。但是只要和鄭毅談過話，便能深刻感受到，他對環境、土地的強烈情懷。

鄭毅一向有自己的想法，大學沒畢業，他的第一份工作就是電腦公司的門市業務主管，二十八歲那年，他突然覺得生活索然無味，同事每天閒聊的話題都是某個 3C 新品規格、改款有什麼新功能。

難道這就是人生的未來樣貌？

有沒有更貼近自己使命的可能性？

帶著這些疑惑，鄭毅為自己安排了三個月的「壯遊」，而且選擇了自己生活近三十年，卻從未好好認識的台灣。

旅程中的一天，鄭毅來到花蓮，他從民宿的書架上隨意抽出了一本書，想打發時間，沒料到，這本關於天然品牌的書，改變了他，「我才發現，原來台灣也有這麼厲害的保養品牌，而且可以跟土地有所連結！」

從未想過的可能性，這一刻，在鄭毅面前展開。環台旅程結束之後，鄭毅進入美國知名天然保養品牌的台灣代理商，接手過行銷、客服及門市人員訓練等不同的任務。

最令鄭毅印象深刻的，卻是他隨主管前往美國拜訪品牌創辦人的經驗。當車子駛入美國緬因州的森林，眼前突然出現一棟童話中的原始小木屋，裡面沒有電話，也沒有瓦斯，而這位擁有數百萬美金身價的創辦人，就在這裡過著與世隔絕的簡樸生活。

「一個擁有許多財富的人，卻能過著那樣的生活。」鄭毅難以想像。在短暫幾天的拜訪中，鄭毅深刻體會到，只要理念及產品正確，即便只是一個養蜂人的小小生意，也能夠成為國際品牌，影響全球人們的生活。

旅程結束後，鄭毅的使命感，更強烈了。鄭毅向公司爭取資源、對外尋求贊助，還號召關心農業、食安及教育的新創公司加入，在全台十六個小學推動「食農教育」。

綠藤正是鄭毅當時邀請的合作夥伴之一。鄭涵睿等人聽完計畫內容之後，立刻點頭答應，完全不問可以獲得什麼好處，甚至自掏腰包，出人又出力。

但是努力了一年多，鄭毅卻發現，當他分享串聯多少志同道合的品牌、接觸多少學

頂著酷酷的光頭造型，不說話時看起來有
點嚴肅的鄭毅，對環境和土地充滿熱情。

校，公司更感興趣的卻是「做這些事，能對銷售帶來多少幫助？」

冰冷的現實，沖涼了鄭毅的熱血。人人都喜歡談理念，但是真正要實踐時，還是各有考量。商業與公益的兩難，令他感到沮喪。

二〇一三年夏天，鄭涵睿回台灣放暑假。鄭毅立即約他碰面聊天，「不知道為什麼，聊到後來，我決定加入綠藤。」

當時，綠藤的辦公室空間不夠，鄭毅在儲藏室擺了一個空紙箱、架上木板，當作電腦桌，就埋頭開始工作。他的頭銜是品牌總監，但是更像內部創新專案經理，不論架設網站、門市設計、辦公室規劃，他總是一馬當先。

雖然大學念的是哲學系，比起談論抽象的理論與辯證，鄭毅更喜歡捲起袖子，用行動去參與；但是在實踐永續理念的道路上，鄭毅又如同哲學家一般，帶著有些天真的傻氣，心無旁騖的勇往直前。

鄭毅對綠藤的全心投入，受林碧霞影響很大。直到現在，鄭毅仍清楚記得他們的第一次見面。當時鄭毅還在前公司，正充滿企圖心的推動食農教育計畫，在陳宜珊安排之下，他前往拜訪林碧霞和鄭正勇。

會面時，鄭毅慷慨激昂的談了許多對台灣農業的憂心，以及他認為可能的解決方案。兩位長輩用心聆聽，並真誠的給予許多建議。

回想起這段經歷，鄭毅總是恨不得鑽到地下去，「兩位長輩在農業領域這麼專業，還需要聽我指手畫腳嗎？」相較於只看了幾本書、讀了幾篇文章，就覺得對台灣農業很有想法的自己，這兩位長輩的敦厚令鄭毅格外尊敬，並視之為榜樣。

加入綠藤之後，鄭毅有許多機會與林碧霞接觸，更深入認識她的堅持與創新，他也發現，「博士推動許多運動，常常是逆風而行，」不論減硝酸鹽運動、推動非基因改造黃豆、提倡環保清潔劑，都曾招致批評，甚至有人說她過度放大風險，造成社會恐懼。但是面對這些質疑，林碧霞仍然站在第一線，溫柔而堅定的說明自己的理念。

「我在綠藤身上，也看到了同樣的精神。所以我很相信博士，也很相信涵睿。」鄭毅感性的說。至今，他仍感謝自己當年的衝動與直覺。

創業之初，鄭涵睿、廖怡雯與許偉哲每天跟各種不確定的挑戰及風險搏鬥，每次聽到有人想加入綠藤，「我們都很焦慮，無法確定這個決定對他真的好嗎。」

隨著綠藤的發展，現在的廖怡雯，已經可以充滿自信的邀請每一位想為社會做些改變的人加入，「因為我們可以讓人相信，綠藤有永續經營的可能性，加入綠藤，可以跟更多人一起創造出有意義的成果。」

綠藤夥伴前往新竹自然谷進行環境志工服務，整理竹林，給土地更多生長空間。

當生命的熱情被點燃，信念驅動了共同的力量，一家做好事的公司，會讓一群人為了讓公司朝永續前進，而努力奮鬥。

練習

重新挖掘你的價值觀

時間就是生命，你應該把時間用在你所珍視的價值觀上面。一起閱讀《時間都到哪裡去了》，練習找出你最重視的五項價值觀：

Step 1：請選出五個你最重視的價值觀。

Step 2：將挑選出的五個價值觀，依照重視度排序。

Step 3：請列出一個你在生活或工作上正努力追求的目標，思考：為什麼這件事對我那麼重要？你的「為什麼」跟你排序出來的五個價值觀有矛盾嗎？

就連實習生，也能產生影響力

在變動的時代，學習者將會繼承地球，而有學問的人將會優雅的住進一個不再存在的世界。

——美國作家賀佛爾（Eric Hoffer）

在一般人的想像中，企業是一個架構龐大的機器，員工就是其中的小螺絲釘，個人的想法，不會對公司產生太大的影響。企圖以一己之力改造世界，只是不自量力。

正式員工都如此無力，更何況是實習生。但是這樣的想像，有沒有可能不一樣？二〇一三年夏天，綠藤啟動了不一樣的「實習計畫」。

二〇一二年進入ＭＩＴ之後，鄭涵睿發現，美國學校十分重視實習，甚至主動提供媒合機會，「全班沒有人不去實習，因為這是和業界接軌的最好機會，」鄭涵睿留下了深刻印象。他回顧自己過往的求學經驗，感到有些可惜。

實習生也能不一樣？

相較於歐美，台灣學生實習的選擇有限，企業對實習生的想像也較為單一，不僅不期待實習生為公司創造價值，甚至覺得安排人力來教導實習生，是一種負擔。

如果回到那年暑假，我希望擁有什麼樣的實習機會？綠藤團隊熱烈討論著。

「我想跟一個擁有理念、讓這個世界變好的團隊一起努力！」

「我想快樂學習，學習專業、學習溝通、學習做一個更好的人。」

「我想貢獻我在學校所學，看看理論跟實務到底有多少差距。」

「我要追求成就感，動手，直接看見我對一個組織可以帶來的改變！」

這些理想中的機會，在哪裡？如果找不到，要不要自己創造？抱持這樣的心態，綠藤的實習計畫並不是以高高在上的姿態，挑選最符合需求、能夠發揮即戰力的員工，而是從培育人才的角度出發。

從招募流程開始，就比照正職員工，每位申請者的履歷都經過至少兩位同事的審閱，包含創辦人；接下來，實習生必須經過電訪，再由鄭涵睿、廖怡雯或部門主管親自面試。

此外，綠藤為實習生安排了扎實的課程，例如「不是設計人也能做出的精簡報課」、「正向心理學」、「B型企業介紹」、「發現你的天賦」，甚至包括演說課。這些前所未見的新知識，讓實習生即使走出課堂，仍可以持續學習。

不過，提供機會與工具只是一個開始。鄭涵睿最想做的是，「我希望幫實習生證明一件事——即使你只是一個實習生，也能夠對公司產生影響力。」

因為這個信念，綠藤在實習制度中特別設計了「客製化專案的挑戰」（Battle）。專案挑戰指的是，為每位實習生量身訂製一個題目，這些題目全都是綠藤目前面臨的問題。綠藤提供實習生全部的資源，並請資深同事擔任導師，一對一全程陪伴，由實習生針對題目提案，「就像內部創新一樣，由實習生來告訴我們，有沒有更好的做法。」

鄭涵睿興奮的細數過去實習生的「豐功偉業」：綠藤的第一本公益報告書、綠藤出貨及理貨的流程、LINE 2.0 旅程設計、綠藤 Instagram 新客成長計劃……，這些專案都是由實習生提出想法，再經過內部討論、修改，最終完成的漂亮成績。

截至目前為止，在綠藤歷屆的實習生中，有三分之一轉為正職，他們對待工作的態度、對永續理念的實踐，都受到綠藤的啟蒙；而這些擁有無限潛力、沒有太多既定框架的新血，也為綠藤注入了活水。

持續追求卓越的小巨人

綠藤第一位由實習生轉為正職的，是供應鏈副理蔡佩君。個子嬌小但卻行動力十足的她，被暱稱為「小巨人」。平日話不多，但是她的存在，總能讓夥伴感到無比安心。

二〇一五年，蔡佩君自商學研究所畢業，便從實習生轉為正職，負責供應鏈管理相關事務，無論需求規劃、原物料採購，或生產品質管理、倉庫空間規劃，都可以看到她忙碌的身影。

對蔡佩君來說，其中最挑戰的任務，莫過於導入企業資源規劃系統（Enterprise Resource Planning，ERP）。當時，蔡佩君才正式入職三個月，而距離新系統上線，只剩下不到半年的時間。

對外，她必須完成廠商洽談、模組學習與諮詢；對內，她必須建立新的架構與流程，不只要釐清同事遇到的困擾與痛點，也要輔導他們學習新系統，以及上線測試。

由於綠藤夥伴幾乎都是首次接觸這個龐大系統，一切得從零開始摸索。回想自己能夠帶領團隊完成艱鉅任務，蔡佩君歸功於在綠藤實習時的成長。

二〇一四年暑假實習時，蔡佩君出於自己對供應鏈管理的興趣，在Battle時，便提出如何提高理貨效率的建議，包含貨品擺放位置調整、動線優化、貨架設計。看到蔡佩君的出色表現，當時主管甚至邀請她到桃園的農場，協助改善農場理貨作業的流程。

「實習生並不是被隨機指定一個題目，憑空去想像解決方法，而是自己做過每件事情之後，再進一步思考更好的做法，」蔡佩君發現，自己努力建構的庫存管理流程被採用且執行，讓原本缺乏信心、不習慣表達想法的她，第一次感受到，原來自己的努力，真的可以為公司帶來改變。

除了提升信心，實習工作也讓蔡佩君認識了「追求更好」的價值。有一次，蔡佩君被指派負責規劃實習計畫的夏季媒合會，當時她想得很單純，只要仿照去年的做法，略微修改即可。但是主管卻反問她：「這件事的理想景象為何？是否有更好的做法？」一個又一個從未想過的提問，令蔡佩君一開始感到有些挫折。

正是在這個過程中，蔡佩君學到影響人生的重要一課——不論工作或生活，她不再只是想著趕快把事情做完，而是先思考，最理想的狀態是什麼？怎麼做，才能帶來不一樣的價值？

經過實習階段的洗禮，正式加入綠藤之後，蔡佩君已能快速調整步伐，把握每一個成長的機會，持續追求卓越。

創造更好的學習曲線

「我們在綠藤常說一句話，最好的學習不是上課，而是把事情做出來，」師法麻省理工行動學習（Action Learning）精神，鄭涵睿認為，比起有設計感的辦公室裝潢、美味免費餐飲，千禧世代更重視自我實現，如果能提供學習與成長的環境，就可以吸引願意與公司共同成長的人才。

成長行銷經理劉芷彤是綠藤第一屆實習生，她在二〇一三年暑假加入時，綠藤的辦公室還很簡陋，但是克難的環境，沒有嚇跑劉芷彤，反而讓她更加好奇，在一片沒有太多既定規章、限制的土壤中，可以長出什麼樣的果實？

「我印象最深刻的是，當時人很少，辦公室也很小，但是大家中午一起煮飯、用餐，非常溫馨，」這種凝聚的氛圍，讓劉芷彤覺得自己彷彿不是在「上班」，而是在嘗試自己有興趣的事。

不論是共同為即將上市的產品找市場定位，或是與夥伴一同包裝貨物，都像組隊打一場遊戲，大家結伴闖關。

在實習中，劉芷彤與鄭毅花了許多時間建立綠藤網站的2.0版本，當時使用的是市面

綠藤夥伴的凝聚力，讓「上班」像組隊打遊戲，更讓劉芷彤（右）無後顧之憂，勇於接受不同的挑戰。

上常見的內容管理系統「Wordpress」，這套系統提供了現成的網站模版，即使不是工程師，也能夠建構一個看起來不錯的網站。

但是劉芷彤與鄭毅並不滿足Wordpress的版型，他們希望版面設計更優雅、更符合綠藤的需求，也希望加入購物車的功能。

每一個希望，都需要靠他們自己努力才能實現。劉芷彤雖然完全沒有網站基礎知識，但是每天泡在網路上自學，只因這是她真心想要完成的任務。

大學畢業之後，因為想體驗不同的職場環境，劉芷彤到一間頗具規模的市調公司擔任研究員。公司制度完善、福利待遇優渥，但是她期待有更陡峭的學習曲線。

「花了許多心血完成的報告，卻很難確認客戶是否改善他們的產品與服務，」日復一日的重複性工作，讓劉芷彤開始思索工作的意義。

我想從事更有影響力的工作。

我希望自己的每一個建議，都能夠確切執行。

正在這時候，她接到鄭涵睿的電話。正式加入綠藤後，她接下了一個又一個任務，從電商的廣告投放、無乳液實驗網路專案的規劃，或是參與綠藤官網3.0的創建。面對自己不熟悉的電商營運、廣告操作、網頁規劃，正如同過去自己摸索網站設計的經驗一樣，劉芷彤就像一塊海綿，自學、摸索、操作、克服難題。

二〇一九年八月，意志堅定、勇於接受挑戰的劉芷彤，被賦予電商負責人的重任。面對流量紅利消失、電商市場競爭日益激烈的難題，不到三十歲的劉芷彤不僅要扛下營收的壓力，還必須學習管理團隊。但是，在她身上看不見太多不安及焦慮。「其實還是很緊張，但是好像也沒有其他辦法，就決定試試看，」劉芷彤誠實的說，「而且我不是一個人在努力，這讓我很有安全感。」

在綠藤，不需要刻意做什麼，團隊永遠是她最強大的後盾，「我需要幫忙的時候，大家不會區分部門，而會互相支援。即使有時候出錯，大家的第一反應都是——好，我們要如何解決問題？」

週日晚上，劉芷彤不再陷入「明天不想上班」的煩躁，更不需要吃一頓大餐來撫慰自己。因為，在充滿挑戰與學習機會的工作中，每天都過得踏實而篤定。

為自己找到從內而外的力量

你或許沒見過綠藤資深內容管理張菀芩，但是她的身影，無所不在。在綠藤官網上，一篇篇國際保養趨勢、環境永續靈感、成分故事的文章，實用易懂又傳遞了正確知識，都是張菀芩的心血結晶。

二○一五年，從小隨家人移民紐西蘭的張菀芩，正在澳洲昆士蘭大學攻讀膳食營養學碩士，看到朋友轉發的綠藤實習生計畫，隨手點進網頁。她立刻被這家公司的創業理念、特別的活芽菜所吸引。

投出履歷兩個星期後，張菀芩收到廖怡雯的面試邀請，在視訊中，兩人從各自的生長背景，聊到公司文化和對永續的期許，感到彼此非常契合；拿到實習資格的隔天，她就訂了機票，決定來到台灣。

曾經在醫院擔任實習營養師，也在「女人迷」編輯部實習，張菀芩同時擁有營養學專業及良好的文字能力。因此，張菀芩實習的主要任務，就是為綠藤量身設計更好的內容，透過文章，傳遞真實永續的生活態度。

從重新為文章分類、主題發想，到一篇篇的內容產出，綠藤給予張菀芩許多創意空間。過程中，張菀芩印象最深刻的卻是，鄭涵睿與廖怡雯對資料來源的準確性、用字遣詞、文章價值等各種堅持。

為了追求流量，許多媒體總以聳動的標題吸引目光，但是綠藤永遠先問：「這篇文章

張菀芩從營養師到資深內容管理，在綠藤為自己找到從內而外的力量，也讓綠藤的理念有機會透過文字，傳遞給更多的人。

可以為讀者帶來什麼價值？」、「我們闡述的觀點，有科學依據嗎？」

「一開始會覺得綁手綁腳，因為很多詞彙得避免使用，」張菀芩舉例，她曾以「台灣最具代表性的純淨品牌」來描述綠藤，卻被質疑，「為什麼要誇耀自己的重要性？」

比起運用「高大上」的形容詞，鄭涵睿與廖怡雯更希望張菀芩盡可能使用動詞，詳實且具體的描述綠藤究竟做了什麼、完成了哪些目標，不需要和別人比較，也不必強調自己的成就。

在一次次來回討論與修改中，張菀芩回到綠藤的核心價值思考，每一個字句、每一篇文章，都是綠藤想要和消費者分享的理念，她知道自己必須慎重以待。

在張菀芩撰寫內容的兩個月中，部落格發文量從一個月平均六篇，提升到了一個月十五篇，網站流量也節節成長。

因為擁有營養專業背景，過去在醫院也為與病人提供營養諮詢，因此除了文字之外，張菀芩心中有另一份熱情與期待。當時的實習導師賴郁淇發現後，便在一次飲食講座，邀請張菀芩擔任客座講師，以營養顧問身份示範芽菜料理。

從食譜設計、食材購買、內容彩排，到當天的臨場發揮，中間出現許多意外狀況，包含原本預計容納二十至三十人的小講座，臨時多出一倍聽眾，張菀芩必須快速做出五十幾人份的料理。

但是這次經驗也讓張菀芩踏出舒適圈，在挑戰之中，體認到自己的不足與幸運；而與消費者真實的對話，也讓她了解顧客的喜好與需求，更清楚如何撰寫更好的內容。

「在綠藤，只要你願意，就能夠為自己爭取到無限大的舞台，」這是張菀芩在實習過程中，最為感動的一件事。畢業之後，張菀芩加入綠藤，同樣負責部落格的經營，也接手SEO關鍵字優化管理，以及每年公益報告書的編寫任務。

感性的張菀芩，時常擁抱同事表達感謝，或是直接說出對同事的欣賞，一開始，團隊有些不適應這種熱情，但是久而久之也被她同化了，愈來愈習慣將對彼此的支持與感謝說出來。

正如同鄭涵睿所說，在招募流程中，綠藤的目標從未改變——找到共同寫下一個美好故事的你。而這個故事，不但有相同的結局，也有相同的公式：「現在的你」×「這份工作」=「更好的你」+「更好的公司」。

練習

讓求職成為一個美好的故事

在學校時，從來沒有人教我們這些重要的問題：一個公司到底想要招募怎樣的對象？如何才能做好求職準備？

一起閱讀〈給實習生與社會新鮮人的一封信：投遞履歷前先釐清這三個問題〉：

1. 在尋求任何工作之前，問自己「現階段的目標是什麼？」以及「這目標與這份工作的連結性為何？」
2. 仔細研究公司最新的發展、使命宣言、職缺的內容，思考公司為何開出這個職缺，以及你可以「多」做些什麼。
3. 列出為什麼有了自己「這個人」，公司應該會更好。

延伸閱讀

給實習生與社會新鮮人的一封信

違反商業直覺的待客之道

先去理解別人，再求被人理解。
——管理大師柯維（Stephen Covey）

「不用說了，我知道你會叫我不要買！」客人霸氣的說。這位客人來到綠藤櫃位，指定要買潤髮乳，發芽大使正要開口說明「別買這瓶潤髮乳」時，這位客人立即阻止她。

原來這位女士的長髮不僅自然捲，還染燙，使用護髮油後覺得不夠滋潤，才前來添購潤髮乳與護髮精華。

當大部分品牌為了縮短購物流程而建立SOP時，綠藤卻反其道而行，喜歡花時間聆聽每一位消費者的故事。

看似違反商業直覺，卻是綠藤對待顧客的一貫理念。

綠藤的故事，有你們才完整

杜拉克（Peter F. Drucker）曾說：「企業的真正目的，是創造並留住顧客。」「如果我是芽菜，我希望被怎樣對待？」這是綠藤從創業之初，就不斷思考的問題。沒有一株芽菜長得一模一樣，那麼，每一位來到綠藤的消費者，也都有屬於自己的性格、希望被對待的方式。

以真心換真心，綠藤與顧客之間，從來不只是銀貨兩訖的商業關係；彼此的連結，更在第一次消費之後才欣然開啟。對綠藤而言，從消費者身上獲得的感動，訴說不盡。

曾在連鎖餐飲業工作的發芽大使曾黎珊，感受特別深刻：「以往服務的顧客，雖然也曾會心相視，但這種交流像好像只是單向的，或是暫時存在於銷售空間。當我說出歡迎下次再來，對方推開大門，這種交集就好像從空氣中一階階的淡化了。」

但是進入綠藤之後，因為不一樣的制度設計，曾黎珊發現，在例行的門市清潔、產品視覺陳列、庫存管理、帳務處理之外，自己還有餘裕招待每一位踏入專櫃的顧客。她與顧客的關係，不再像稍縱即逝的火花，而是如同一碗冬日中細火慢煨的熱湯，滋養了彼此的心田。

曾黎珊在台中服務時，有位顧客柔茜告訴她，因為曾黎珊以半跪姿勢仔細向她解說產品和用法，她從此記得曾黎珊的名字。儘管曾黎珊早已忘記當時的情況，半跪也不是綠藤白紙黑字規範的服務流程，「可能就是瞬間連通某個腳神經，讓自己的姿勢和對方的連結比較舒適的結果。」她俏皮的說。

自此之後，柔茜與丈夫名鎮便常到綠藤櫃上找她聊天。曾黎珊在勤美舉辦了第一場新品體驗保養茶會，柔茜與名鎮熱情的答應出席，甚至邀請她在活動結束之後一起用餐。「當時我剛從台北到台中居住，那頓飯讓我想起家人，我們能分享食物，也能分享關心，」異鄉中的曾黎珊備感溫馨。顧客這份周到與體貼，不只是對待曾黎珊。

另一位發芽大使楹嵐請柔茜夫妻吃喜餅，幾天後，他們再度來到櫃上，拿出了神秘小禮物——一本名為《咦？不是你去刷馬桶嗎：結婚前早該知道的十二件事》的婚姻之書，還寫了小卡片：「為妳的人生新章節獻上祝福，很棒的一本書分享給妳！」

令曾黎珊印象深刻的顧客，還有身材纖瘦、五官清秀的麗芬。第一次相遇時，麗芬已經在官網消費過一輪，堪稱是綠藤的「鐵粉」。在交談之中，曾黎珊才知道麗芬長久被脂漏性皮膚炎困擾，使用綠藤的產品之後，膚況才漸趨穩定。

每次見面，曾黎珊總不忘關心麗芬使用產品的狀況，也時常與她分享肌膚保養的知

綠藤的一號概念店「發芽吧」供應健康美味的芽果昔，使用十種以上的有機食材，並搭配產地直送的綠藤芽菜，伴隨入口的還有溫暖、真實的互動。

識。接下來幾年，麗芬每次來櫃上補貨時，都不忘帶著好吃的甜點、娘家種的芭樂、自己燉煮的黑木耳甜湯，還有用綠藤的紙漿塑模盛裝的老字號蛋黃酥，這是曾黎珊過往從未接收過的暖心。

麗芬非常樂於參與綠藤的活動，有時候先生陪同，大部分時間單獨出席，「我很欣賞麗芬雖然身為母親，也不會犧牲自己的自由，」從麗芬身上，曾黎珊學習到，不論你扮演了多少角色，每個人都應該為心之所嚮，爭取更多空間。

回到「人」的本質，真誠互動

以真誠的態度，和客人分享永續生活方式的想法，一直是綠藤團隊努力的目標，這份用心，甚至改變了一位顧客的人生軌跡。

綠藤過去有位發芽大使滸君，因為對綠藤的理念和產品，充滿熱愛而慢慢成為常客。她經常給予綠藤發芽大使滿滿的肯定，因為她相信，能以如此真誠的態度把理念傳達給客人，是很可貴的事。

滸君那時遇上了人生的低潮。沒日沒夜的工作，讓她對生活感到迷失，決定給自己一趟環島旅行。環島第十七天，瀞君來到了綠藤的一號概念店「發芽吧」，她熱情的與發芽大使分享旅行期間遇上的人事物。沒多久，綠藤團隊收到一封信——

「親愛的綠藤夥伴，

從心出發，從自己出發，慢慢的，影響周圍的人與世界。慢慢來，比較快。綠藤生機，正在做這麼棒的事情！而且我相信你們一定做得到。因為我也是被影響的一個，綠藤影響了我的生命，透過產品、黎珊、榆宸影響我。你們，也是促成我環島的動力之一。我會把從你們身上、和旅行中獲得的簡單幸福傳遞下去，繼續影響周圍的人。

請你們一定要堅持下去，做真心認為對的事情，我會用各種方式支持你們。

因為喜歡你們的理念，喜歡你們的產品，喜歡你們的夥伴，所以也想將這麼棒的理念和產品分享給更多人。因為，你們很值得。我已經在做了，也會繼續做下去：）」

旅行結束，隔年，瀞君加入綠藤，從客人的身分轉變為發芽大使，並管理當初喜愛的「發芽吧」。現在，瀞君又步向下一段旅程。

一個又一個動人的故事，在綠藤的體驗空間中發芽、開花。在互動之中，客人與綠藤夥伴的距離、給予與接收的界線愈來愈模糊，每個人都可以回到「人」的本質，卸下防備與包袱，以自在的方式，展現最真實的自己。

即使面對衝突與客訴，一樣真誠相待，心意就能被真實感受。

在綠藤的官網上，彙整了超過八千則消費者的使用心得與產品評價，希望讓消費者在購買之前，參考與自己膚質、習慣相近的經驗分享，買到最適合自己的產品。每一則評價，無論好壞，都被完整披露。對綠藤而言，只要消費者願意花時間留下評價，便值得感謝，不滿意的聲音能讓團隊據此改善，在未來做得更好。

在大多數的好評之中，也不乏尖銳的質疑：

「油不太好推，另外請問有加香精嗎？」

「護唇油好難用，塗一下就不見了，感覺好浪費。」

面對這些聲音，綠藤永遠先誠懇的感謝對方提出意見，並為使用上的不便道歉，甚至願意協助退貨。

在一般的服務流程中，這樣的回應，或許已足夠撫平消費者的怒氣，但是綠藤希望真正幫助消費者解決問題，總是想辦法聯繫到本人，了解她的使用方式及產品用量，協助對方改善使用體驗，達到產品預期的功效。

綠藤鄭重看待每一個問題，認真回應，這正是消費者希望獲得的服務，因此獲得好評：「服務人員面對問題，很有耐心及專業熱誠，謝謝你們的友善回應！」

發芽大使用心聆聽顧客的真實需求，
為他們帶來美好的一天。

在門市，也是如此。蘇勇嘉常與團隊分享一個概念，台灣服務業水準一致，想為顧客創造驚喜的機會不多，「但是有個關鍵的時刻，就是客訴發生的時候。」

面對消費者的怒氣，不論退貨、道歉、送小禮物，都是希望品牌在客人心中不會因此被扣分。但是對蘇勇嘉而言，不被扣分還不夠，他希望團隊有企圖心，為雙方創造一個加分的機會。

蘇勇嘉舉例，曾經有位門市夥伴幫顧客預訂產品並寄送到家，當顧客滿懷期待的打開包裝盒，卻發現產品東倒西歪。在一般公司，可能會跟消費者道歉，並承諾提醒貨運公司小心運送，再多一點，可能給一個小禮物或是折扣。

當時在這些制式服務之外，鄭毅得知這位客人非常喜歡「女人迷」的文章，於是特別拜託同事牽線，請「女人迷」總編輯寫了一張小卡片，連同小禮物，送給這位顧客。

「客人收到的時候，非常驚訝，我們居然還記得她曾經說過的話。」一位門市夥伴說。這正是蘇勇嘉期待發芽大使可以達到的服務品質，將消費者當成家人一樣關心，自然而然，就會觸發更多體貼與關懷的行動。

體驗經濟當道的時代，從消費者角度出發，打造更好的體驗流程，是許多品牌重要的核心理念。但是很多時候，人們卻以為，只要在互動時避免衝突，盡可能取悅對方，就是「以人為本」。

綠藤團隊主張的「以人為本」，是避免掉入內部視角，透過聆聽，去理解對方希望如何被對待。

即使一件看似微不足道的事，都隱含綠藤特有的文化，也因此，綠藤能夠凝聚消費者、合作夥伴，建造充滿正向影響力的網絡。

練習

觀察他人的需要，調整互動模式

每天練習一次，在與朋友、同事互動時，有意識的從「你喜歡別人怎麼對待你，你就怎麼對待別人」的自我中心，轉換成「別人希望你怎樣對待他們，你就怎樣對待他們」的思考方法，從研究、觀察別人的需要出發，然後調整自己行為。

舉例來說，買飲料請同事喝時，從「天氣這麼熱，讓我幫他買瓶啤酒吧！」轉換成為「讓我先問問他喜歡喝些什麼，再買來招待他！」

第六部

沒有最好，只有更好

承認錯誤，正向動作

公司的品牌就像人的名聲。把困難的事情做好，才能贏得好名聲。

——亞馬遜創辦人貝佐斯（Jeff Bezos）

二〇一七年二月，網友在台灣知名的網壇論壇批踢踢美容保養板（BeautySalon）上，分享使用綠藤產品的心得。在熱烈的討論中，突然出現了一則評論：

「知道他們打工的沒有保勞健保就滅火了，幫助他國小農卻壓搾自己國家勞工……，這算什麼？」

這個評論出現之後，立刻引發網友熱議。因為綠藤在消費者心中，一直是企業「模範生」；許多人都是受到綠藤的理念吸引，而成為他們的顧客。

「你們不是號稱以人為本的企業嗎？為什麼會犯下沒有幫員工保勞健保的錯？」

「綠藤是獲獎的B型企業，對社會的責任應該高於一般企業。」

「我以為綠藤是MIT的模範企業，真的很失望……。」

一時之間，負面聲浪襲捲而來。綠藤多年勤懇才建立的品牌印象，突然蒙上巨大的陰影。面對創業以來首次的品牌危機，綠藤如何面對？

一封沉痛的道歉信

看到網路上的討論訊息時，綠藤非常震驚，因為即使是許多企業未給薪的實習生，綠藤仍然支薪並依法投保，更何況是兼職員工？廖怡雯立刻進行查核，發現的確有所疏漏。「真的是我們的疏失，」廖怡雯難過的說。

綠藤在二〇一五年至二〇一七年迎來了飛躍性的成長，但是組織與供應鏈仍在辛苦的追趕業績，管理制度來不及因應。另一方面，綠藤當時正展開年度大活動，招募了許多短期工讀生發放試用包，短期內密集的人力變化，讓原本就沒有專業人資的團隊忙中出錯。

不過，一向喜歡與社群互動的綠藤，這次沒有立即回應。廖怡雯認為，當事件發生時，不論怎麼說明綠藤團隊「不是故意的」，都會被認為是避重就輕、推卸責任，錯誤既然已經發生，最重要的不是發表聲明挽回消費者，而是誠實面對自己的問題，立刻補救。

因為意識到管理上的可能漏洞，綠藤主動清查二〇一六年至二〇一七年所有兼職員工的投保紀錄，結果發現，二〇一六年，除了在網路發聲的兼職同事之外，還遺漏了五位短期兼職同事的加保。

廖怡雯當天立即聯繫每一位當事人，致歉並彌補，同時致電勞保局詢問如何補救。「勞保局第一次碰到這種雇主自己來詢問的狀況，也告訴我們，勞保無法回溯，但是勞退可以補提撥，」廖怡雯表示。

獲得勞保局回覆的當天，他們就完成勞退補提撥的流程，隔日，將勞退補提撥的雙倍金額，匯入兼職同事帳戶，再次補償。

忙完這些補救行動之後，綠藤才發表了網路公開信〈一場沉痛的學習〉。廖怡雯以共同創辦人的名義，先是感謝各方的關心，再代表綠藤致歉，接著，以清楚的時間軸，敘述團隊在事件發生之後，如何釐清狀況、盡力彌補，「我們可能沒有辦法說服每個人，但至少可以用行動證明，綠藤絕不是惡意苛待員工的公司。」

廖怡雯對管理疏失，導致長久支持綠藤的消費者失望而自責，但是她也理直氣和的逐一釐清外界對綠藤的誤解，包含綠藤為了成為一家對員工負責的好公司，所做的種種努力；或是澄清綠藤並未由公關公司操作口碑，並向主動為綠藤澄清、卻遭到網友誤解的消費者致歉。

「我們希望永遠不要再犯這樣的錯，但是只要犯錯，我們期許自己都可以遵從誠實、透明、公開的原則。」廖怡雯誠懇的說。

犯錯之後，不只是道歉

事件落幕之後，綠藤沒有停下反省的腳步。廖怡雯補充：「我們把這個過程記錄下來，再重新省視每個環節是否有漏洞。」

綠藤草創時期，每個人身兼多職，她自己就承擔了行政、人事、產品開發等不同面向的工作。當團隊還小時，她可以事事關注，但是隨著組織飛速成長，太多不可控的因子隨之出現，以前的運作模式必須改變。

早在二〇一五年，綠藤的營運管理顧問、前IBM資深財務長Freda便建議他們，應該投資IT與HR系統，但是在資源有限的情況下，綠藤先於二〇一五年導入ERP

系統，為生產、銷售、庫存及財務，建立更完善的制度。但是在人事管理上，卻還不夠健全，這次勞健保事件便是一個警訊。

正如同廖怡雯在綠藤臉書中所說：「再次誠摯的感謝那位兼職同事與友人，讓我們得以發現錯誤並停下腳步檢視自己。這真的是一場沉痛的學習，很抱歉，但這錯誤不會再發生。」

之後，綠藤導入人資管理軟體Apollo HR，希望進一步保障員工權益，以及提升人事制度的透明。在兼職員工的合約、管理流程上，團隊也花了更多心力，即使不是負責招募的同事，也會互相提醒。

非乳液改名風波

也許，二〇一七年，注定是綠藤不平靜的一年。

這一年的十二月，綠藤當年度唯一新品「非乳液」正式上市。看起來像乳液，卻不是乳液，獨特又吸睛，立刻吸引了眾多媒體報導，也點燃了消費者的期盼與話題。

過去，林碧霞反對研發乳液，因為乳液要讓油水相容不分層，需要使用乳化劑，然而，乳化劑主要是為了讓乳液質地穩定而存在，而不是為了肌膚，且一般製程也對環境較不友善。

那麼，有沒有可能為不想使用乳液卻不習慣使用油保養的消費者，提供另一種保養方式？

歷經了七百多天不斷的失敗、嘗試，綠藤團隊研發出一種無界劑乳化法，在不使用乳化劑的狀態下，讓肌膚需要的「油」與「水」相容，提供消費者近似於乳液的使用體驗，但是對肌膚及環境更友善。

正當團隊為新品上市而忙得不可開交時，一篇號稱「專家破解綠藤行銷話術」的文章，被推到他們面前。

醫學自媒體「美的好朋友」發文，質疑「非乳液」的乳化機制並無新的技術突破，甚至認為綠藤的行銷文案，是「濫用科學包裝話術」的「偽科學」，「會讓台灣丟臉」。

面對如此嚴重的不實指控，綠藤團隊雖然氣憤，但是仍以禮貌的口吻，在十五分鐘內立刻留言回覆，主動邀請「美的好朋友」團隊深入了解更多資訊。

另外，因為這次爭議涉及品牌的誠信價值與技術創新，綠藤也在一個小時內對外發布長篇聲明〈關於「非乳液」的兩三事〉，針對各方提出的觀點與疑問，一一說明。

經過不斷的努力，綠藤團隊研發出不使用乳化劑，也能讓油水相容的「輕乳液」，這項技術更在2019年獲得專利。

在聲明中，綠藤說明為什麼會將產品定義為「非乳液」。因為一般保養品乳液的製造，是透過「水、油、乳化劑調製而成」，而「非乳液」擁有一定油份含量（一五％），卻沒有使用乳化劑，當時在市場上並沒有相似的產品，綠藤才會將這個產品定義成一種新的保養劑型與選擇。

這篇聲明發表之後，爭議並沒有就此平息。因為其中牽涉到複雜且艱澀的保養品成分與製程知識，對一般消費者而言，雙方的攻防就像霧裡看花，根本摸不著頭緒。

許多網友紛紛留言，有人表達支持，也有許多建議，認為綠藤的行銷文案應該更精確。剛平息的勞健保爭議，又被網友再度提起。

一層又一層的負面聲浪，就像一場不知何時才會停息的沙塵暴，直接打在鄭涵睿、廖怡雯與許偉哲的身上。但是即使痛苦難耐，他們沒有流露一絲一毫的委屈，而是感謝每一位網友的意見，並真誠的為綠藤在行銷引發的誤解與爭議致歉。

白天，他們努力與各方專家及「美的好朋友」團隊取得聯繫，公開展示產品創新的製程技術；晚上，他們辯論著如何撰寫公開聲明，一字一句修改直至凌晨。

不論面對什麼意見，綠藤永遠希望可以公開對話，以事實闡述自己的觀點。出於對自家技術的信心，爭議發生後的第四天，綠藤團隊前往台中，親自向業界專家公開展示非乳液的獨家技術，也成功取得了他們的認同。

當天凌晨，綠藤發表了感謝聲明，向消費者說明，「非乳液」的技術獲得專家肯定，證明綠藤並沒有使用誇大不實的行銷包裝。

其中，靜宜大學化妝品科系副教授張乃方，更給予綠藤團隊正面支持：「這的確是市面上少見，可以承載高油相、無界面活性劑的新技術。」

另一位專家也表示，綠藤的技術有其原創性，並非使用乳化劑，建議他們申請專利。

在風浪之中獲得肯定，是一件讓人欣慰的事，但是對於命名的考慮不夠周全，引發了諸多爭議，綠藤也虛心反省，表示會採納前輩的建議，調整產品名稱。

爭議發生後第十天，綠藤將「非乳液」改名為「輕乳液」，避免混淆消費者的認知，也象徵這個產品的配方設定，可以讓環境、肌膚再「輕盈」一點。此外，綠藤也同步修改網站、廣告上的文字，並持續公開產品重新包裝的具體進度。

「我們的確有做得不夠好的地方，但是我們相信，只要面對錯誤，並採取正向行動，不要再犯同樣的錯誤，綠藤會愈來愈好。」過程雖然痛苦，廖怡雯仍努力以正面的態度看待這些風風雨雨。

不閃避責任，虛心接納各方建議，積極改進，這種態度，不僅讓綠藤獲得許多消費

者的肯定，「非乳液事件」甚至被許多專業行銷人視為品牌公關危機處理的典範。

但是，在鄭涵睿、廖怡雯與許偉哲腦海中，其實沒有那麼複雜的思考。「以負責任的態度承認自己的錯誤，並承諾改進，其實只是做人的基本道理，」廖怡雯表示。

正向面對錯誤，才能持續進步

「綠藤」並不只是一個抽象的集合體，而是投射了林碧霞、鄭涵睿、廖怡雯與許偉哲的個性，一個堅持理念、講求溫度的「人」。

當然，在遭受外界誤解時，鄭涵睿、廖怡雯與許偉哲也會有情緒。尤其是費盡千辛萬苦才研發成功的獨特技術，被視為誇大不實的行銷包裝，他們為團隊的努力被抹煞而感到不捨；即便團隊公開發文澄清，但是品牌受到的傷害，仍很難完全彌補。

「沒有人喜歡被誤解，但是即使受到傷害，也要保有內心的善意，」鄭涵睿堅定的說，時間最終會證明一切。

在健忘的社會中，人們追逐著一個又一個時事熱點，早已沒有多少人記得二〇一七年的風波。但是綠藤不曾忘記他們對消費者的承諾。

二〇一九年，輕乳液的技術獲得專利，專利名稱正是「無界面活性劑的乳液」，不只證明了綠藤的配方、技術具有創新性，也證明了綠藤的初衷——透過科學研發，挑戰產業的限制與想像，提供消費者更好的選擇。

練習

養成承認事實、正向動作的習慣

跟著美國牧師威爾．鮑溫（Will Bowen）在《不抱怨的世界》一書中，提出能力養成的四個階段，檢視自己目前處在哪一個階段：

1. 無意識的無能：對於某件事不懂，也沒有注意到自己哪裡不懂。
2. 有意識的無能：知道自己不懂某件事情，但仍處在不會、也無法實踐它的狀態。
3. 有意識的有能：想一下就會知道該怎麼做，但必須刻意去實踐它。
4. 無意識的有能：熟練且不用再去刻意思考。

成為理想中的自己

我與其他人的差別，可能只是我每天起床後，有機會做自己想做的事。

——股神巴菲特（Warren Buffett）

早上九點，敦化南路車水馬龍，行人腳步匆匆，但是綠藤同事早已整理好心情，開始每一天早上的「肥皂箱」時光。

「肥皂箱」是綠藤獨特的制度，每天各有主題：「正向星期一」談的是正向情緒與積極且有建設性的回饋（Active Constructive Responding），「價值星期二」談的是綠藤的理念及環境永續，在「前進星期三」談綠藤各方面的進展，而「啟發星期四」會由同仁分享故事、帶體操，甚至是說笑話比賽，在「感謝星期五」則是透過寫感謝小卡的實際行動，向同事表達感謝。

短短的十分鐘內，就用正面的訊息開啟新的工作日，不僅提升團隊士氣，也讓夥伴更理解綠藤的理念與故事，持續從組織獲得新的知識。

鄭涵睿自己便是喜愛學習的人，每日的午休時間，他總會前往健身房，戴好耳機，站上跑步機，按下線上課程，讓身體與腦袋一起活化，這是他一天最享受的時光。

傳統企業常常認為，員工要追求成長應該自己進修，但是，鄭涵睿希望將學習的喜悅分享給工作夥伴，塑造一個能充分學習、創造意義的工作環境。

一個週末，一堂世界級的系統思考課程，正在綠藤辦公室展開。之所以說「世界級」，是因為課程主講者，正是麻省理工學院史隆管理學院系統動力學博士、師承管理大師聖吉（Peter Senge）的薛喬仁。

他為綠藤帶來整整兩天的「系統思考」課程，讓每個人對每日的工作與學習，有了嶄新的體悟。「這不是一個輕鬆易懂的主題，畢竟這在麻省理工商學院是一整個學期的學分課，」鄭涵睿解釋。因此，看到每一位同事專注聆聽，拋開部門疆界，反思曾經遇到的溝通衝突與誤會，讓他非常感動。

課程中，鄭涵睿與團隊更清晰的意識到，「我們都是系統的一份子」、「我們都有機會成為改變的那一個人」。

鄭涵睿印象最深刻的，是一條象徵每日工作的橡皮筋：一端是理想、一端是現狀，兩者拉扯所產生的「結構性張力」，帶來了「情緒張力」，讓身在其中的人感受失望、氣餒等負面情緒，同時卻也帶來「創造性張力」，激勵人們動作，讓現狀更貼近願景。

運用到組織中，鄭涵睿發現，隨著綠藤加速成長，要兼顧商業與理念，造成夥伴非常大的「結構性張力」，「想降低橡皮筋已存的張力，有兩種作法：降低願景，或是提升現況。而選擇的權利，在我們自己身上。」

打造自主學習型組織

「幸好綠藤的夥伴都很喜歡讀書，我們就利用這樣的優勢，來幫助組織成長，」鄭涵睿半開玩笑的說。相較於有些創業團隊非常「狼性」，綠藤夥伴更像是溫柔的草食性動物，但是運用知識的力量，也能在競爭的商業世界生存下來。

以知識來強化組織，綠藤除了引入系統性思考，正向心理學也深深影響他們。

正向心理學透過關注生命中的不足，同時創造美好的人事物，探索如何使人們的生活更充實、更能發揮天賦。

接觸正向心理學之後，鄭涵睿深刻感受到，這套理論與綠藤擁抱的價值觀不謀而合。無論在面對的是龐大的永續難題，或是創業以來不斷的挫敗，鄭涵睿、廖怡雯與許偉哲並沒有陷入自我安慰的阿Q思考，而是承認事實，採取正向動作，積極解決問題。

「學習同樣的知識，企業就會擁有共同的語言與文化，」鄭涵睿決定打造更積極正向的組織文化，於是，在二〇一七年，綠藤內部組成「正向心理學」四人學習小組，在Coursera線上平台進修相關課程。

在四個月的學習過程中，小組固定分享每週上課筆記與簡報，因此，即便是沒有上Coursera課程的同事，也能吸收正向心理學的新知。

正向心理學之父塞格曼（Martin Seligman）提出正向情緒(Positive Emotions)、全心投入(Engagement)、正向人際關係(Positive Relationships)、生命意義(Meaning)及成就感(Accomplishment)的幸福模型（PERMA），也被運用在綠藤的組織文化之中。

例如，早上的肥皂箱時間，就是創造正向情緒的制度設計。當台上的報告者分享了一個團隊的正向訊息，而台下的夥伴們專心聆聽，並提出積極有建設性的回饋；或是在內部通訊平台Slack中，建立了一個公開給予夥伴肯定的平台，都能幫助團隊享受自己努力的過程，從中累積成就感。

創業之後，每當有人願意為綠藤付出寶貴的時間、給予真誠的建議，鄭涵睿、廖怡雯與許偉哲總是在見面之後，立刻寄出一封感謝信，具體陳述對方為綠藤帶來了哪些幫助，他們收獲了哪些啟發。

積極正向的企業文化

鄭涵睿驚喜的發現，原來他們常寫的感謝信，是實踐正向心理學最簡單的形式之一。因為透過書寫，我們有機會重新體驗與對方的談話，而表達感激的過程，已讓我們擁有正面情緒；就收信人而言，一封溫暖的信，也是忙碌一天的心情亮點，幫助彼此發展更正向的人際關係。

除此之外，綠藤設計了一年四十小時的給薪志工假，鼓勵每位成員以行動，為自己重視的環境、動物保護或弱勢議題盡一份心力。這個制度實施之後，許多同事經常結伴去淨灘、淨山，或是照顧流浪動物，進一步擴大了工作與生命意義的連結。

學習，猶如裝上翅膀，讓人飛得更高更遠。但是該飛往何處？得先探尋個人的天賦。新人進入一間公司之前，通常會被要求填寫一大疊性向測驗，好了解員工的人格特質。但是公司真的會依據測驗成果，為員工量身打造最能發揮能力的舞台嗎？

在大部分情況下，性向測驗只是制式的流程，員工很少得知測驗結果，企業也不會據此調整工作內容。

在綠藤，卻有不同的做法。新人來到綠藤的第一週，首先迎接他們的不是滿坑滿谷的工作，而是「蓋洛普優勢解決方案」（Clifton Strengthsfinder），這份測驗將人的天賦分為三十四類，可以幫助每位夥伴認識自己。

寫完這套測驗，新人不僅了解自己排名前五項的天賦是什麼，也理解自己較不擅長的劣勢所在，可以有意識的練習將有限資源和時間投入更擅長的工作。

更有趣的是，測驗結果完全「透明化」，每個人除了可以看到自己的天賦排序，也能看到公司每一位同事的天賦，了解彼此的特質，進而透過互補、搭配與協調，讓團隊發揮更大的成效。

為什麼綠藤要引入天賦測驗？讓員工認識自己，為什麼這麼重要？

「我們從小接受的教育並不鼓勵偏科，總是強調均衡發展。但是，與其每個能力都只有六十分，為什麼不發揮自己的強項，將某個能力從八十分提高到一百分？」鄭涵睿說明綠藤引入蓋洛普天賦測驗的初衷，正是希望幫助每位夥伴認識真實的自我，找到天賦與熱情，做自己擅長的事。

打開天賦的禮物

鄭涵睿以自己為例，他的前五項天賦之一是「信仰」，意指擁有強烈的核心價值，容易取信於他人，所以非常適合對外分享綠藤的理念，激勵他人共同採取行動。但是，在「喜歡結識陌生人，贏得別人好感」的取悅天賦上，他的排名卻很後面。

與鄭涵睿互補的，是綠藤資深品牌公關蔡昇諺。蔡昇諺的「溝通」與「取悅」天賦都排名很前面，天生熱愛與人互動，並能夠在很快的時間內與人打成一片，鄭涵睿笑著說：「連我們這棟大樓的警衛、阿姨要輪調到其他地方，他都知道！」

畢業於台北醫學大學保健營養學系的蔡昇諺，二〇一五年進入綠藤實習時，原本希望結合營養與美食，幫助人們變得更健康。但是實習過程中，主管發現，他擅長以淺顯易懂的方式表達生硬的理論，而且擁有讓人願意傾聽的魅力。於是，在與蔡昇諺討論後，公司交付他更多公關的任務，也幫助他進一步深化自己的天賦。

在以金錢衡量成功與否的社會價值觀之下，我是誰、我喜歡什麼、我希望成為什麼樣的人，這些問題都變得不再重要。重要的，似乎只有能不能進入好公司、升職加薪。

於是，每個人愈來愈相似，逐漸成為德國社會學家馬庫色（Herbert Marcuse）筆下「單向度的人」（One-dimensional Man），找不到自我價值，於是又將社會價值觀當成自己追求的目標，久而久之，生活與工作，似乎都陷入了一種茫然與抽離。

生命，難道沒有更好的方式？鄭涵睿、廖怡雯與許偉哲希望，綠藤不只是一間要求員工貢獻才華與能力的公司，而是一個幫助夥伴探索自己、發揮影響力的空間。

「綠藤提供這些資源、做這些事，並不是為了讓同事變得更好用，而是希望幫助大家過得更好、成為更好的人，」廖怡雯分享了發芽大使張昊瑋的故事，說明他們的期盼。

張昊瑋在二〇一五年成為綠藤實習生，大學時主修國際企業系的他，順理成章的申請了數位行銷的職位，也表現優異。實習快結束時，他被任命為一個即時通訊軟體的市集合作專案總召，第一次參與綠藤的大型擺攤活動。

「當時我們才發現，昊瑋和人互動的時候，彷彿全身都在發光，」廖怡雯與鄭毅特別約了張昊瑋深談，詢問他是否有意願從總部轉到門市、從行銷轉任發芽大使。

「最感動的是，他們一直都在默默觀察我，也發現，比起數位行銷，面對面的服務更讓我有成就感，和產生對工作的認同，」張昊瑋感性的說。進入綠藤之後，他更清楚自

蔡昇諺（上圖中）擅長以淺顯易懂的方式解釋生硬的理論，讓跨部門以及對外溝通更能順利進行，也在公司被賦予重要的公關任務。2020 年四月，張昊瑋（下圖右一）帶領團隊到新竹巨城開設新櫃位，目前也是人資管理部門的重要一角。

己嚮往的未來道路，究竟是什麼模樣。現在的張昊瑋，負責綠藤的人力資源管理，協助持續成長的綠藤，更有效率的將人才招聘與組織的發展策略朝一致的方向整合，同時，讓同事們在綠藤找到適合發揮才能，以及實踐「自我」理想的舞台。

當每個人都能了解自己，擁有更多能力去做自己擅長的事，在每天的工作中，就能創造熱情與成就感的正循環。

練習

找到你的天賦，做自己擅長的事

先一起做以下的練習——

Step1：拿出一張紙，用慣用手寫下自己的名字

Step2：用另外一隻手寫下自己的名字

Step3：再用慣用手重新慎重的寫下自己的名字

慣用手象徵你擅長的事情，當你能夠運用你的天賦，加上刻意練習，你所能達到的成就，會遠超出你的想像。

透明，帶來真實的永續

重複的行為造就了我們。因此，卓越不是單一的舉動，而是一種習慣。

——希臘哲學家亞里斯多德（Aristotle）

綠藤品牌的代表色，是能在人們心中引發鮮活、溫潤感覺的綠色，象徵綠藤從活芽菜出發，從飲食延伸到清潔保養品的永續哲學。

除了綠色之外，綠藤還有一個容易被人忽略的代表色，那就是清澈純淨，可以一眼望盡的「極端透明」（Radical Transparency）。

近年來，國際間興起「純淨保養」風潮，許多消費者開始想了解自己日常使用的保養品，裡面包含了哪些成分？長期使用，對健康是否安全無虞？產地、製程，是否對環境友善？

為了回應這股趨勢，許多純淨保養品牌開始建立自己的產品「禁用成分表」（The Never List），列出所有可能造成肌膚安全疑慮的成分，讓消費者更加安心。

透明，是新的綠色

綠藤早在二〇一七年更新產品包裝時，便挑戰成為全世界最「透明」的瓶器。拿起綠藤的洗髮精，首先映入眼簾的，是密密麻麻的中英文全成分標示、天然來源成分的百方比，甚至有配方的解析。

小小的瓶身，卻必須承載這麼大量的資訊，設計公司美可特歷經了幾番腦力激盪之後，決定以帶有透明感的材質，來平衡瓶身上的資訊量。

「我們希望消費者不只了解產品的成分組成，還能透過配方解析，認識這些產品是如何被設計出來的，」廖怡雯指出，在全球「資訊透明化」的綠色趨勢之下，綠藤希望以「最透明」的瓶器設計，獲得消費者的理解與認同。

另外，除了建立非必要成分清單與FAITH配方原則之外，綠藤也持續更新每個產品的「成分說明書」，每一種成分的來源、用途、使用在哪些綠藤產品中，在網站上都能查到清楚詳細的說明。

從產品包裝、成分到行銷文案，綠藤試圖進一步接近透明的本質，在每一場行銷會議中，鄭涵睿總不厭其煩的提醒同事，盡量用白話與清晰的語言，快速傳達綠藤的觀點；避免使用看上去很美，卻含糊不清的詞彙，「我們講出來的每一句話，背後一定要有科學根據！」鄭涵睿再次強調。

強調資訊的正確性、語言的邏輯性，在文案的寫作上，也就少了耐人尋味的詩意與想像空間，讓綠藤的品牌形象顯得中規中矩，少了更吸睛的話題。

但是對綠藤而言，將透明、真實與誠實的理念，從無形的語言化為有形的產品，不只代表提升美妝保養產業的資訊透明化所盡的努力，也是將知的權利還給消費者，讓他們也能透過消費，為自己的理想世界投下一票。

公司治理的透明精神

這種透明坦誠的精神，也展現在公司營運與治理上。

大多數時間，許偉哲都待在桃園的農場，每週只有一天進台北總部開會。但是公司發生的大小事，他都能及時接收，「我們內部的資訊非常透明，所有重要的事情，都可以在Slack上看到。」

喜愛學習新知、擁抱科技的鄭涵睿，一直在探索如何運用新科技，讓資訊流動、團隊溝通的過程更加透明。二〇一五年，綠藤便引入矽谷新創事業最愛使用的團隊溝通平台軟體「Slack」，讓團隊隨時透過不同頻道，與不同成員針對不同專案或主題進行討論。當新成員加入，同樣可以查看歷史訊息，跟上進度。

不論使用什麼科技或工具，綠藤重視的精神，是讓所有成員即時獲得完整而充分的資訊。只要是你感興趣的議題、專案，都可以在內部的雲端平台上自由查看，不需要特別的權限才能「解鎖」。

在這種透明的組織文化之下，團隊不必被動等待管理階層下決定，每個人都是主動的參與者，可以去分析、評估，找到當下最好的方案，快速回應外部環境。

二〇一七年，鄭涵睿在公司內部第二次導入OKR（Objectives & Key Results），這是一種新型的目標管理工具，「O」是指目標、「KR」則是關鍵結果，由團隊共同討論出一個週期內定向的大目標，接著擬定二至四個定量的關鍵結果，當所有人都有共識，就能將精力聚焦在最重要的事情上，朝著共同的方向前進。

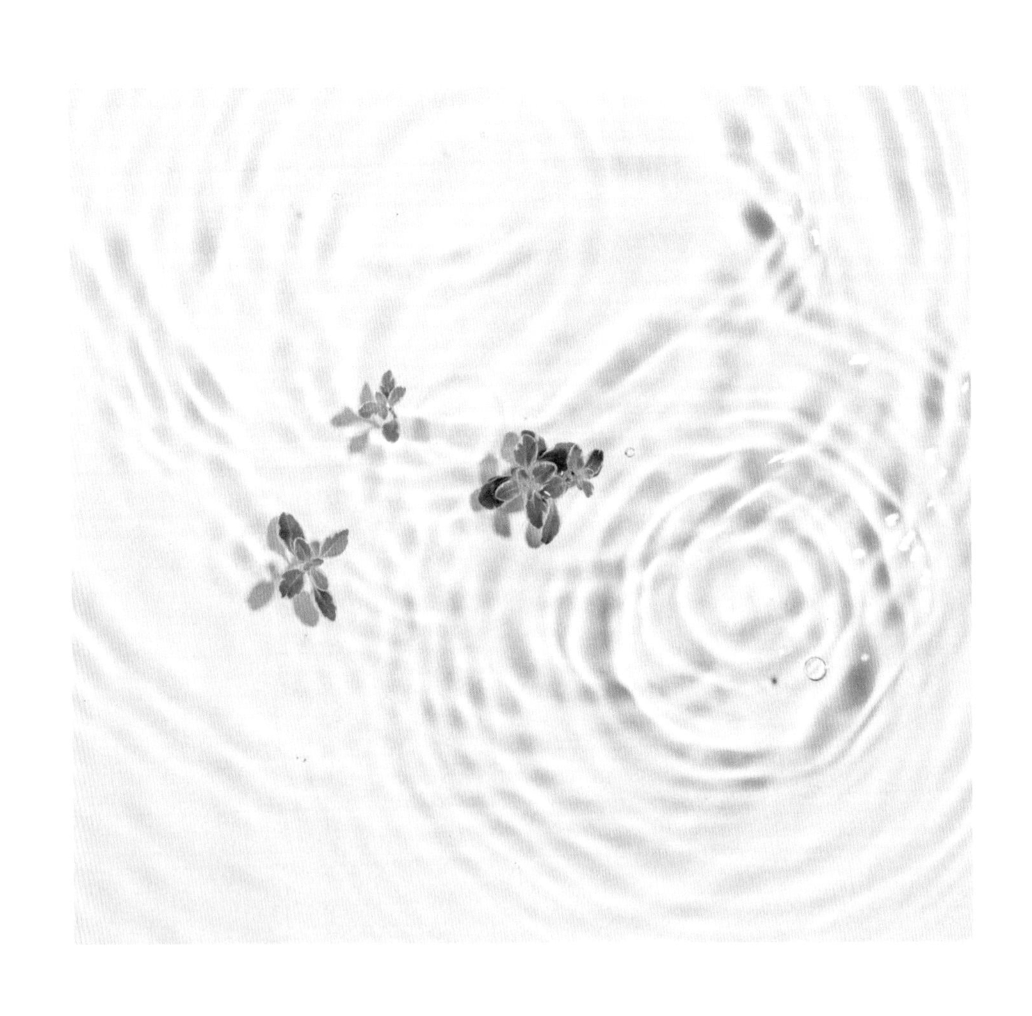

團隊共同討論，本身就代表了資訊的透明化，綠藤還將所有人的OKR公開，每個同仁都可以清楚看到個人的目標與主管、部門、組織如何連動，知道現階段最重要的事、自己該做什麼，以及為什麼要做，更擴大了透明度。

二〇二〇年，受到疫情影響，綠藤在一月初才剛報告完的年度策略，不到月底就必須推翻重來，這是挑戰，也是機會。「疫情帶來消費模式的轉變，我們的電商團隊很快就觀察到數位廣告的流量變得非常便宜，」鄭涵睿分析，或許是因為市場局勢尚不明朗，許多國際品牌開始減少廣告支出，「其實我們也不清楚原因，但是我們很快就知道，這可能是一個機會，我們當下就應該行動。」

在很短的時間內，電商與實體門市團隊全體動了起來，將線下的資源抽換至電商，重新改動OKR，精準把握住稍縱即逝的市場商機，不僅電商營收大幅成長，線上的銷售甚至也帶動門市的營收，打了漂亮的一仗，「這些行動並不是管理決策，而是大家一起討論、執行的，」鄭涵睿驕傲的說。

這種溝通透明化所需要的，不只是營運資訊，也包括壞消息。

鄭涵睿常將「壞消息往上傳的速度，決定了一間公司的好壞」這句話，掛在嘴邊。相較職場中常見的「報喜不報憂」文化，綠藤希望一有變動出現，就能夠將訊息同步給相關夥伴。

「這是綠藤最重要的溝通原則，你不是一定要先想好解決辦法才能回報。因為壞消息不是一種處罰，你講出來，一定有其他人幫忙，」廖怡雯補充。

但是如何讓員工真的信任團隊，勇敢傳遞壞消息？行動是最好的鼓勵。

全公司都是你的後盾

二〇一七年，綠藤籌備已久的新瓶器及包裝上市，這次的改版設計耗時二十八個月，是綠藤除了農場之外，單一項目最大的投資。為了好好對外宣傳，當時綠藤內部組成了一個「仙度瑞拉」（Cinderella）專案團隊，「象徵綠藤會跟灰姑娘一樣，在彈指之間漂亮變身，」鄭毅笑著解釋這個有趣的專案名稱。

「六月底設計完成，新包裝預計九月一日上線，」鄭毅數著日子，在兩個月內，他們除了要印製新DM、調整供應鏈、重新拍攝產品視覺，在宣傳上，他們還要追求突破，包含與全台Expo誠品生活文創平台合作櫥窗陳列，也邀請了曾為世大運拍攝宣傳片的影音團隊為綠藤量身製作微電影。

專案進行得如火如荼，「在一次會議中，我們突然想到應該確定一下舊包裝的庫存，」鄭毅說，沒想到一查之下，庫存居然還有上萬瓶。

幾萬瓶的庫存，代表的是上千萬資金的庫存壓力，對綠藤是極為沉重的負擔。但是若為了消耗庫存而舉行流血折扣促銷，又違背了綠藤不鼓勵衝動消費的一貫理念。

這樣的困境發生在任何公司，可能會立刻引發憤怒、責難等負面情緒。「奇妙的是，整件事情的發展完全超乎我的預期，」鄭毅回憶，面對突如其來的危機，大家都非常震驚，但是沒有人拍桌子，也沒有人急著究責，在很短的時間內，專案小組就調整心態，開始討論如何應變，「一直到現在，我還是覺得這是人生中最奇妙的一次專案經驗。」

仙度瑞拉專案小組當機立斷，拆分成「Hello」與「Good Bye」兩個小隊，分別負責新品上市與舊包裝行銷專案。不到一週，「好好說再見」的企劃誕生了。

在活動網頁上，綠藤以感性的文字，向二〇一三年起、一千四百六十天以來的每支生活系列產品表達感謝，同時也邀請消費者用文字及照片，寫下自己與綠藤生活系列產品相遇的美好記憶，搭配適度的折扣優惠，吸引顧客踴躍參與，留下了許多動人的故事。

在七月下旬，「好好說再見」的活動上線前，蘇勇嘉特地在全公司面前發表了一場談話，當時他以令人安心的平靜語氣說明綠藤面臨的狀況，當台下的同仁開始騷動、擔憂時，蘇勇嘉的話鋒一轉，告訴大家，如何藉由這次的危機，為綠藤帶來三個正向的意義，分別是好好對待每一瓶被製造出來的產品，不要讓它們被銷毀、拋售；第二，藉由這次的機會，提供七折左右的折扣，回饋過去一直支持綠藤的消費者；最後，讓原本正在觀望的潛在消費者，可以用一個極為優惠的價格，開始認識綠藤。

八月活動上線，短短兩週之內，綠藤不但順利銷售超過九成的庫存，更透過全體夥伴上下一心的團結與行動，凝聚並再次強化「面對事實，正向動作」的組織文化。

一場本來可能為公司帶來巨大損失的危機，卻在綠藤團隊的積極與創新之下，轉化成為一個振奮人心的故事，這樣的正面結果，讓當時負責庫存管理的蔡佩君鬆了一口氣，也從中學習到寶貴的一課，不要害怕犯錯，但是要及時回報，在這次的專案之中，綠藤團隊已經用行動證明了，「只要有需要，全公司都是你最強大的後盾。」

即時回饋，採取行動

讓訊息透明的流動，也意味在綠藤，不論做什麼決策，並不是創辦人或是主管說了算，而是有一套根基於價值觀的標準。

這一套透明標準，讓每個成員都能扮演監督角色，確保公司營運符合組織理念。

例如，當廖怡雯與研發團隊提出要開發「眼部精華液」時，就曾有同事質疑：「我們不是很強調真實需求嗎？眼周與臉部保養需求其實大同小異，為什麼要特別開發眼部精華液？」

為了證明這個產品真的可以為消費者帶來價值，廖怡雯與研發團隊也安排時間，公開向同仁說明，對於某些特定的消費者，針對眼部的保養仍有必要。

隨著團隊不斷擴大，為了讓每一位成員清楚理解企業的價值觀，並遵循這套價值觀來行動，綠藤使用了許多溝通工具。

每個月的One-on-one會議，便是直接對焦的機會。

在年度會談之外，綠藤每個部門主管，每個月都必須與團隊成員進行一對一面談，談話內容不只是工作績效，還有個人感受及價值觀。

除此之外，綠藤也透過「文化問卷」讓同事們再度思考——綠藤的存在，是為了改善什麼問題？你對綠藤二〇三〇年的想像是什麼？在目前的工作中，你認為哪些制度、做法與綠藤的文化精神有所違背？

廖怡雯將文化問卷視為一種員工參與，「我們希望讓大家知道，在綠藤發生的每一件事，都和所有人切身相關，」她認為，透明是雙向的互動過程，除了公司制度、組織文化之外，每個人也應該採取更正向的回應。

曾經有同事在問卷中提出，主管曾考慮採用未在比稿中獲選的廣告創意，似乎違反公司制度。事件發生時，這位同事以為是公司的想法，不敢提出異議，但還是忍不住在文化問卷中反映。

「我們很震驚，立刻去了解真相，並做出後續修正，」廖怡雯說，會發生這種事，代表綠藤所期待的透明，還沒有真的成功，也尚未獲得每位同事的理解與落實，「但至少我們知道還必須努力，也鼓勵同事，如果發現有任何可以做得更好的地方，一定要勇敢指出。」

不只透過文化問卷了解同事們的觀點，綠藤更積極針對文化問卷回饋同事，做到雙向溝通。

不論文化問卷上出現什麼答案，都是成員的真實想法，所以綠藤成立三個專案小組，將同事的意見分類，由每一組組長進一步了解問題，並提出改善計畫；即便是決定暫不改善，也會向所有人說明原因。

「在綠藤工作並不輕鬆，」鄭涵睿承認，在凡事透明公開、追求更好的文化中，每個人必須主動追求卓越，而這個追求，並沒有終點。

因為綠藤所信仰的「透明」，是一種積極的行動，在組織內部陷入停滯時，攪動活水，撈出所有雜質，讓每個人的行動更符合企業的願景與價值觀；在外部，透過各種資訊的揭露，負起企業責任，也期待消費者主動去理解、檢視，讓透明成為對世界更好的顏色。

練習

找到你最重要的事，努力完成它

一起閱讀《ＯＫＲ：做最重要的事》，運用書中的工具及方法，幫自己找出人生、工作或是生活中最重要的「Ｏ」（目標），並為自己設定「ＫＲ」（關鍵成果），讓我們有限的時間與精力，可以投注在最重要的事情上。

結語：邁向下一個十年

最可怕的敵人，就是沒有堅強的信念。

——微軟創辦人蓋茲（Bill Gates）

「這也是一個緊急狀態，想請你一起幫忙！」

二〇二〇年三月，全台籠罩在新冠肺炎的巨大恐懼之中，打開電視、網路、通訊軟體，各式各樣的壞消息撲面而來，每個人的心情隨著確診人數而上下跳動，分不出心思關心別的事情。

在這個時刻，綠藤卻發出一個不同於當下氛圍的聲音，他們希望在世界地球日之前，串聯起全台一百家企業，共同發起「氣候緊急狀態」宣告。

「時間這麼趕，來得及達到目標嗎？」、「在人人只關心疫情的時刻，還有人會關心嗎？」負責這個專案的蔡昇諺，心中有些忐忑不安。

沒想到，短短二十天內，就有上百家企業踴躍加入，累積至今，超過一百五十家企業加入了響應行列。

在面對疫情的同時，仍然有許多企業希望貢獻自己的力量，幫助環境變得更好。這個發現，讓綠藤團隊連日以來的辛苦瞬間煙消雲散，更加堅定自己的理念。

疫情下的變與不變

二〇二〇年，一場突如其來的疫情，為世界按下了暫停鍵，人類從繁榮的美夢中醒來，倉惶失措間，習以為常的生活方式，面臨了巨大的改變。

短短不到一個月之內，綠藤已經捨棄規劃好的年度策略，提早進入Scrum模式（一種敏捷開發的管理制度）、加快決策的頻率與循環，同時投資內部同事的成長，以學習的確定性來面對未來的不確定性。

但是除了這些短期目標的調整，綠藤團隊卻似乎沒有受到太大影響。

每天，他們討論的，仍然是如何持續以產品與理念為核心，創造正向的改變。

或許是在創立之初，綠藤所面對的，便是一個龐大又充滿不確定性的挑戰——如何讓世界更永續。

面對如此巨大，超乎個人能力可以改變的議題，雖然鄭涵睿、廖怡雯與許偉哲心中有一些想法，但是並不真的那麼確定答案；他們能做的，只是承認這個事實，但是在每一個決策上，都採取正向的行動方案，並從錯誤中學習。

數十年來如一日的行為守則，讓綠藤早已習慣在一個不斷變化的環境中，以靈活的姿態調整路徑，始終保有創業「Day One」的精神，恰如《黑天鵝》作者塔雷伯（Nassim Nicholas Taleb）所指出：「脆弱的反義詞不是堅強，是反脆弱。」在秩序與穩定之外，適時出現的壓力與危機，反而讓綠藤更能維持生存與繁榮。

因此，儘管團隊成員每天都為了疫情影響下的營運調整而忙碌，但是他們始終沒有忘記綠藤存在的意義。談起他們花了許多時間籌備的綠色生活二十一天，大家眼神瞬間發光。因為今年的綠色生活二十一天非常特別，不只要邀請消費者參與，也希望將影響力從個人擴大至企業。

「你聽過氣候緊急狀態嗎？」鄭涵睿指出，這是二〇一九年底出爐的英國《牛津詞典》（Oxford Dictionaries）年度詞彙，這代表「氣候變遷」（Climate Change）一詞，已不足以形容全球環境正面臨的危機，而是進入了必須立即採取行動遏止氣候變化的狀態，避免因此帶來潛在和不可逆轉的環境破壞。

每年《牛津詞典》選出的代表詞彙，並不只是因為最多人使用，而是反映了過去一年的社會風潮與引起廣泛討論的議題。

綠藤與台灣都不應該缺席

國際的聯合宣告活動早已展開，至二〇二〇年二月為止，已有分布於二十八國、一千四百六十八個地方政府加入、一萬一千名科學家連署宣告「氣候緊急狀態」，呼籲各界立即採取更積極的行動。

「在這個行動上，台灣不應該缺席，」鄭涵睿指出，根據綠藤的訪查，氣候緊急狀態的被認知度可能低於五％，這意味著，大部分人不知道環境的真正困境。

因此，綠藤與台灣環境資訊協會、B型企業協會共同發起「氣候緊急狀態共同宣告行動」，邀集台灣企業一同加入宣告的行列。

專案負責人蔡昇諺蒐集資料、研究各國作法，並與鄭涵睿反覆討論，在有限資源之下，如何讓更多企業一同參與，並且讓企業加入的過程更簡單流暢。

例如提供合作提案，讓想要加入宣告的企業窗口可以直接運用，向公司主事者報告；當企業加入之後，綠藤也提供給內部員工的氣候緊急宣告範本，讓企業不需要額外花時間思考如何傳遞願景。

除此之外，活動網站也提供了由B型企業協會製作的《企業綠行動指南》，內容包含更完整的企業氣候宣告的步驟導引，並彙整海內外各國的企業綠行動範例、以及台灣民眾對於企業的綠行動提案。

活動上線不到二十天，就突破當初設下的一百家企業目標，家樂福、漢神巨蛋、遠東百貨、大聯大控股、國泰金控、友達光電、Expo誠品生活文創平台、光點台北、The Big Issue、Pinkoi、社企流……，不論是企業的規模、產業，都超乎綠藤原本的想像，總計超過一百五十家企業、十六萬名的員工加入，讓台灣在這場跨國際的「氣候緊急狀態」宣告活動中，發出屬於自己的聲音。

原本在提案過程中，綠藤不斷推敲、演練，希望找出對企業具有吸引力的利益點。沒想到在發出邀請時，許多企業的第一個問題，並不是「這對我有什麼好處」，而是「我可以多做些什麼」。

原來，愈純粹的初衷，愈能夠消弭產業與利益的鴻溝，就像是一顆投入湖中的小石頭，激起一圈又一圈的漣漪，向外擴散，讓許多企業有了參與、發聲的機會，共同發揮影響力。

許下未來十年的承諾

自創立以來，綠藤在產品研發、原料採購、永續包材到社會共益，都持續以嚴格的標準挑戰自己，例如在二〇一九年四月獲得慈悅國際的第三方評鑑，成為台灣第一個拿到雙潔淨認證標章（TIC Clean Label）的純淨保養品牌。

「潔淨認證標章」（Clean Label）源自於歐美的食品認證，在掀起食品界反璞歸真的潮流後，也蔓延至美妝保養品界。透過第三方機構的認證，消費者更能清楚辨別安全的產品。

要拿到這個認證，其實一點也不容易，因為產品裡的每一個成分，都需要充分溯源。從初始農作物產地、萃取生產地、製造商到效用說明，都需清楚標註；甚至，稽查人員必須實地拜訪製造商，就連設備配置與倉儲平面圖都得完全揭露，才得以確保配方安全性，並徹底評估生產過程中對環境的影響。

不過，綠藤不以此自滿，在永續的路上，永遠都在思考——如何再多做一些，走得再遠一些？

二〇一九年十二月十二日，在聯合國氣候大會COP25上，全球超過五百家的B型企業共同宣布：承諾在二〇三〇年達到淨零碳排放（Net Zero），加速減少溫室氣體排放，將溫度增幅控制在攝氏一．五度內。

這個計劃，比巴黎氣候協定（Paris Agreement）設定二〇五〇年目標更提前二十年，也是全球最大的企業群體所採取的氣候行動計劃之一。加入的企業，除了巴塔哥尼亞、英國《衛報》（The Guardian）、美體小鋪等全球性的指標企業，來自台灣的綠藤也沒有缺席。

「為了達到這個目標，我們必須計算綠藤對環境的影響，然後找到消除負面影響的方法，」鄭涵睿仔細盤點，接下來綠藤必須進行組織與產品的完整碳盤查，掌握總碳排放現況，安排碳權、綠色電力購買等碳抵換計畫，在原料溯源上，還必須評估每個原料對環境的影響，甚至是採取新式材質與包裝改良……，「每個商業活動的環節，都要重新調整。」

讓改變的力量傳出去

一個又一個的目標，背後都牽涉到許多複雜的資源整合、人力分配，以及落成實際的執行計畫。

「如果綠藤想要持續成長，擴大對社會的影響力，我們的組織能力必須跟著提升，」近年來，廖怡雯時常思考，讓更多中生代人才快速成長，承擔更多的責任。

如何擴大人才招募，是綠藤下一階段的挑戰。

「很開心的是，綠藤現在有一些資源可以培育社會創新的人才，」鄭涵睿分享，以二〇二〇整年度的實習計劃為例，綠藤就收到了上千封履歷；但是他們的終極目標，其實是為台灣培育更多社會創新的人才，這些人不只可以幫助綠藤變得更好，未來也可以在綠藤之外的公司，帶來更多正向的改變，而這種改變，其實已經正在發生。

「我們今年發現，有些從綠藤離職的同事與畢業實習生，開始投入新創、永續、品牌的領域，而且他們也將正向心理學、天賦測驗導入新的團隊，」鄭涵睿期待，這些「校友」們能夠承載著綠藤的理念，讓世界再好一點。

過去在MIT求學時，鄭涵睿便深刻感受到，當一群人一起相信改變是可能成真的，那種感染力，將會創造出更多可能性，「所以我們今年要走出台灣，提高綠藤在國際的能見度。」

一個來自於台灣、土生土長的保養品牌，是否能用創新產品去影響其他國家的消費者，讓「純淨」的理念，從飲食、保養延伸至更廣泛的領域，成為一種對地球更友善的生活風格？

「我們知道這件事很困難，但綠藤為什麼不能去試試看？」鄭涵睿反問。

「很多人都會說這件事很難，但這就是綠藤想要做的事情，無關乎困難或簡單，」廖怡雯直率的說，「如果真的有簡單的方法，我們不會有機會。」

對綠藤而言，他們的目標，從來不是簡單或困難的二分法，一切都關乎如何選擇。而對世界比較好的做法，往往不是容易的選擇。

對於鄭涵睿與廖怡雯、許偉哲而言，無論綠藤未來如何發展，最終都將回歸到十年前的創業初衷——如果可以做一些改變，我們為什麼不嘗試？

正如同綠藤最新的品牌使命——創造更永續的生活選擇，十年、二十年、三十年……，綠藤將持續努力成為一家對世界更好的企業，而這段旅程，期待更多人加入，一同實踐對人與環境更好的選擇。

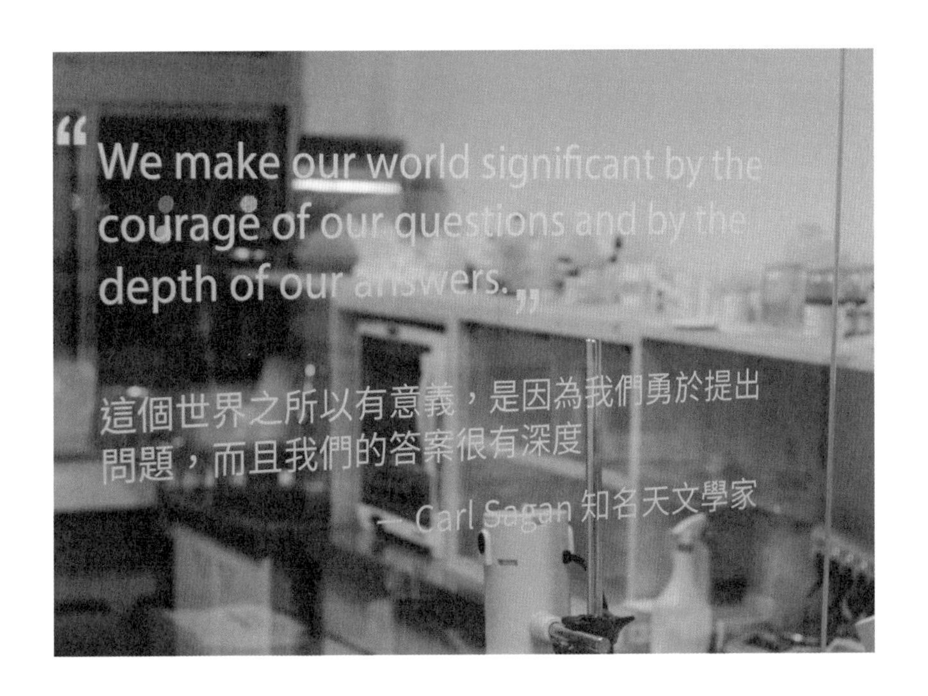

綠藤成立之初，鄭正勇教授送給綠藤團隊的一句話，這句話是綠藤開路的起點，一路影響綠藤至今，希望這句話能夠在更多人心中埋下種子，為這世界上的種種問題，萌發出更多創新而有意義的解答。

財經企管 BCB 714

B 型選擇

綠藤：找不到喜歡的答案，就自己創造

國家圖書館出版品預行編目(CIP)資料

B型選擇：綠藤：找不到喜歡的答案,就自己創造 / 王維玲著. -- 第一版. -- 臺北市：遠見天下文化, 2020.11
面； 公分. -- (財經企管；BCB714)
ISBN 978-986-5535-83-4(平裝)

1.創業 2.企業經營 3.成功法

494.1 109015243

作者 — 王維玲

企劃出版部總編輯 — 李桂芬
主編 — 李桂芬
責任編輯 — 李依蒔（特約）
封面暨內頁美術設計 — Bianco Tsai（特約）
攝影 — 歐諾影像（P101、219）（特約）

出版者 — 遠見天下文化出版股份有限公司
創辦人 — 高希均、王力行
遠見・天下文化 事業群榮譽董事長 — 高希均
遠見・天下文化 事業群董事長 — 王力行
天下文化社長 — 王力行
天下文化總經理 — 鄧瑋羚
國際事務開發部兼版權中心總監 — 潘欣
法律顧問 — 理律法律事務所陳長文律師
著作權顧問 — 魏啟翔律師
地址 — 台北市 104 松江路 93 巷 1 號 2 樓
讀者服務專線 —（02）2662-0012
傳真 —（02）2662-0007；2662-0009
電子郵件信箱 — cwpc@cwgv.com.tw
郵政劃撥 — 1326703-6 號　遠見天下文化出版股份有限公司
出版登記 — 局版台業字第 2517 號

電腦排版 — 立全電腦印前排版有限公司
製版廠 — 東豪印刷事業有限公司
印刷廠 — 中原造像股份有限公司
裝訂廠 — 中原造像股份有限公司
總經銷 — 大和書報圖書股份有限公司 電話／ (02)8990-2588
出版日期 — 2020 年 11 月 25 日第一版第 1 次印行
2024 年 03 月 25 日第一版第 4 次印行

定價 — 新台幣 420 元
ISBN — 978-986-5535-83-4
書號 — BCB714
天下文化官網 — bookzone.cwgv.com.tw